U0384077

坐月子

靠炖补

王敏 主编

汉竹图书微博
http://weibo.com/hanzhutushu

读者热线
400-010-8811

江苏凤凰科学技术出版社
全国百佳图书出版单位

前言

哪些食物坐月子时不能吃？

奶水不足吃些什么？

剖宫产后吃什么能排气？

冬天坐月子，怎么才能不落月子病呢？

······

产后，新妈妈和其家人才知道会面临这么多问题，没有经验简直是"寸步难行"，
连最普通的做饭似乎都不会了。

为了让新妈妈和其家人不再迷茫，本书从新妈妈临产时开始，就进行了饮食指导。
剖宫产妈妈、顺产妈妈分别有不同的饮食和生活照护方法，掌握了坐月子时的
照护重点，家人会更省力、省心，新妈妈也能安心、放心地坐月子。除此之外，
哺乳妈妈、非哺乳妈妈的饮食建议也分别详解，满足了不同新妈妈的需求。

本书不仅仅是一本坐月子时的饮食指导书，在衣、食、住、行方面的
注意事项也一一列出。饮食正确 + 生活愉乐 + 心理健康，可以
让新妈妈每天都快快乐乐，并能把宝宝照顾得健健康康，
家人的脸上也会洋溢起幸福的微笑。

目 录

» 第一章 «
坐月子就是要"炖"和"补"

» 第二章 «
生产当天这样补

» 第三章 «
产后第1周

» 第四章 «
产后第 2 周

» 第五章 «
产后第 3 周

» 第六章 «
产后第 4 周

» 第七章 «
产后第 5~6 周

附录：月子期的食疗炖补方

第一章
坐月子就是要
"炖"和"补"

经过十月怀胎、一朝分娩的艰辛，新妈妈感觉自己虚弱了好多，往日青春飞扬、活力四射的感觉似乎找不到了。新妈妈不要着急，坐月子是一个休养生息的好时机，先通过恰当进补、合理饮食来调理自己虚弱的脾胃吧！

月子炖补讲方法

照顾产妇，并不是什么食物有营养就让产妇吃什么，适度适量才能达到补益的效果。掌握月子炖补的方法，提供合理、科学的饮食，不仅利于新妈妈身体的恢复，也利于宝宝的健康成长。

宜保持饮食多样化

很多新妈妈觉得好不容易生下了宝宝，终于可以不用在吃上顾虑那么多了，赶紧挑自己喜欢吃的进补吧。殊不知，不挑食、不偏食比大补更重要。因为新妈妈产后身体的恢复和宝宝营养的摄取均需要各种各样的营养成分，新妈妈千万不要偏食和挑食，要讲究粗细、荤素搭配。这样既可保证各种营养的摄取，还可提高人体对食物营养的吸收，对新妈妈身体的恢复很有益处。

产后宜适度饮食

新妈妈适度饮食，不仅为漂亮，更为健康。产后过量的饮食，会让新妈妈体重增加，对于产后的恢复并无益处。如果是母乳喂养，宝宝需要的乳汁很多，食量可以比孕期稍稍增加，但最多增加 1/5 的量；如果乳汁正好够宝宝吃，则与孕期等量；如果没有奶水或是不能母乳喂养的新妈妈，食量和非孕期差不多就可以。

宜吃些蔬菜、水果

传统习俗不让新妈妈在月子里吃蔬菜水果，怕损伤脾胃和牙齿。其实，新鲜蔬菜和水果中富含维生素、矿物质、果胶及足量的膳食纤维。海藻类还可提供适量的碘。这些食物既可增加食欲、防止便秘、促进乳汁分泌，还可为新妈妈提供必需的营养素。因而，产后禁吃或少吃蔬菜水果的错误观念应该纠正过来。水果蔬菜可做汤粥，既不用担心脾胃受凉，又能起到防便秘的功效。

食物宜干稀搭配

新妈妈的月子餐应做到干稀搭配。干者可保证营养的充分供给，稀者则可提供足够的水分。乳汁中含有大量水分，新妈妈摄入充足的水分有利于乳汁的分泌。另外，新妈妈产后失血，也需要水分来促进身体健康。同时，补充较多水分，还能防止产后便秘。

坐月子宜每天吃六餐

新妈妈月子期间，可以享受特别的优待——每天吃六餐。在早中晚三餐中间加餐两次，再加一顿夜宵。少食多餐是新妈妈坐月子最重要的饮食原则，既保证了自身的健康，也能保证母乳的充足。早餐可多摄取五谷杂粮类食物，午餐可以多喝些滋补的汤，晚餐要加强蛋白质的补充，加餐则可以选择桂圆粥、荔枝粥等。

加餐可吃点水果粥，清爽舒适又健脾胃。

宜继续补钙、补铁

宝宝的营养都需要从新妈妈的乳汁中摄取，据测定，每100毫升乳汁中含钙34毫克，如果每天泌乳1000~1500毫升，新妈妈就要失去500毫克左右的钙。如果摄入的钙不足，就要动用骨骼中的钙去补足。所以新妈妈产后补钙不能懈怠，每天最好能保证摄入2000~2500毫克。如果新妈妈出现了腰酸背痛、肌肉无力、牙齿松动等症状，说明身体已经严重缺钙了。

另外，新妈妈在分娩时流失了大量的铁，产后缺铁是比较常见的现象。母乳喂养的新妈妈更易缺铁。哺乳期新妈妈每天摄入18毫克铁才能满足母婴需求。

宜用素油烹调

以前由于条件有限，新妈妈坐月子时要吃动物油，也就是俗称的"荤油"来下奶，可现在依然有老人让新妈妈产后吃荤油，这是不可取的。荤油含脂肪较多，不利于新妈妈肠胃恢复，而且会导致乳汁中脂肪含量过多。所以，新妈妈适合用素油即植物油来烹调，胡麻油、橄榄油是不错的选择。

坐月子不宜"忌盐"

过去坐月子讲究在吃的菜和汤里不能放盐，要"忌盐"，认为放盐就会没奶，这是不科学的。盐中含有钠，如果新妈妈限制钠的摄入，影响了体内电解质的平衡，那么就会影响新妈妈的食欲，进而影响新妈妈泌乳，甚至会影响到宝宝的身体发育。但盐吃多了，会加重肾脏的负担，对肾不利，使血压升高。因此，月子里的新妈妈既不能过多吃盐，也不能"忌盐"。

产后喝红糖水不宜超过10天

喝红糖水是民间坐月子习俗。红糖既能补血，又能供给热量，是两全其美的佳品。红糖水非常适合产后第1周饮用，不仅能活血化瘀，还能补血，并促进产后恶露排出。但红糖水也不能喝得时间过长，久喝红糖水对新妈妈子宫复原不利。新妈妈喝红糖水的时间，一般控制在产后7~10天为宜。

忌吃太多鸡蛋

鸡蛋是月子里的必备补养佳品，蛋白质含量高、脂肪含量低，适当吃对新妈妈身体十分有益。但是有的新妈妈一天吃三四个甚至五六个鸡蛋，这样不仅起不到滋补作用，反而会损害新妈妈的健康。

这是因为新妈妈产后胃肠道蠕动能力较差，胆汁排出受影响，如果过量食用鸡蛋，不但身体吸收不了，还会影响肠道对其他食物的摄取。如果蛋白质在胃肠道内停留时间较长，易引起腹胀、便秘。更为严重的是，过量的蛋白质会对肾脏带来危害，容易出现代谢疾病。所以要适量食用，每天一两个即可。

不宜吃生、冷、硬的食物

新妈妈产后体质较弱，抵抗力差，容易引起胃肠炎等消化道疾病，所以坐月子期间尽量不要食用生、冷和寒性的食物，如西瓜。过硬的食物也不宜吃，对牙齿不好，也不利于消化吸收。

不喜欢吃白水煮蛋的新妈妈可以将鸡蛋与蔬菜炒着吃。

不宜只喝小米粥

小米很有营养，对月子期间的产妇很有利。但是坐月子期间也不能只以小米粥为主食，而忽视了其他营养成分的摄入。刚分娩后的几天可以流质食物为主，如小米粥。但当新妈妈的肠胃功能恢复之后，就需要及时均衡地补充多种营养成分了，否则可能会导致营养不良。

忌吃味精

味精的主要成分是谷氨酸钠，会通过乳汁进入宝宝体内，与宝宝血液中的锌发生特异性结合，生成不能被吸收利用的谷氨酸，随尿液排出体外。这样会导致宝宝缺锌，出现味觉减退、厌食等症状，还会造成智力减退、生长发育迟缓、性晚熟等不良后果。因此，新妈妈在整个哺乳期或产后3个月内应不吃或少吃味精。

忌吃辛辣燥热食物

产后新妈妈大量失血、出汗，加之孕期组织间液较多地进入血液循环，故机体阴津明显不足，而辛辣燥热食物均会伤津耗液，使新妈妈上火、口舌生疮、大便秘结或痔疮发作，还会通过乳汁使宝宝内热加重。因此，新妈妈应忌食韭菜、蒜、辣椒、胡椒、小茴香等辛辣、热性食物。

不宜喝茶、咖啡和碳酸饮料

哺乳期间新妈妈不能喝浓茶。因为茶中的鞣酸被胃黏膜吸收，进入血液循环后，会产生收敛的作用，从而抑制乳腺，造成乳汁分泌障碍。

咖啡会使人体的中枢神经兴奋。虽然没有证据表明它对宝宝有害，但也同样会引起宝宝神经系统兴奋。

碳酸饮料不仅会使哺乳妈妈体内的钙流失，它含有的咖啡因成分还会通过乳汁使宝宝吸收后烦躁不安。

哺乳妈妈要慎喝茶，尤其是浓茶。

月子里的食补窍门

坐好月子，身体才能更快恢复，才能早日承担带宝宝的任务。因此提醒新妈妈们，想坐好月子，要根据分娩方式、喂奶方式、季节、体质、南北方差异等，针对自己的情况采取相应的进补方法。

分四季进补

季节不同，新妈妈的月子餐当然也不尽相同，人们常说"冬吃萝卜夏吃姜，一年不用开药方"，就是指饮食要随季节的变化而变化，这样才能补得恰到好处。营养专家建议新妈妈在不同的季节采用不同的饮食方法，吃得对、补得好，妈妈和宝宝都受益。

* 春季

专家建议新妈妈春季坐月子期间要特别注意多喝水。母乳喂养的新妈妈更应保证充足的水分，这样不仅可以补充由于气候干燥而丢失的水分，还可以增加乳汁的分泌。

在饮食方面应以清淡为主。春天有许多当季的瓜果蔬菜，新妈妈可以适当吃些新鲜的蔬菜，或者喝些蔬菜汤和水果汁。

* 夏季

新妈妈在夏季因天热难免胃口不佳，这是正常的，不用刻意强迫自己必须吃下多少食物。不妨正餐少吃一点，在上午10点和下午3点来两顿加餐。

夏季坐月子饮食一定要讲究质量，食物要少而精。千万不要因为天气炎热或怕出汗而喝冰水或是大量食用冷饮。

* 秋季

秋季正是滋补的季节，除了进补一些鱼汤、鸡汤、猪蹄汤，还应当加入一些滋阴的食物，以对抗秋燥对人体的不利影响，如梨水、银耳汤等。但是也不要多喝，每天一小杯就可以了。

* 冬季

冬季坐月子时期的饮食，新妈妈一定要记住一点，就是要"禁寒凉"。产后多虚多瘀，应禁食生、冷、寒凉之食。此时，可以将水果切块后，用水稍煮一下，连水果带水一起吃，就可以避免生、冷。冬季坐月子宜温补，可适量服用姜汤、姜醋，以使新妈妈血液畅通、驱散风寒，从而减少感冒和发病的概率。

看体质进补

产后新妈妈调补身体，讲究辨证论治，对体质的辨别是其中重要的一项，应该根据新妈妈的体质属性，进行合理的食补。

＊ 寒性体质

这种体质的新妈妈肠胃虚寒、手脚冰冷、气血循环不良，应吃较为温补的食物，如麻油鸡、烧酒鸡、四物汤、四物鸡或十全大补汤等，烹调时不能太油，以免腹泻。

适宜吃这些：荔枝、桂圆、苹果、芒果、樱桃等。

＊ 热性体质

这种体质的新妈妈易上火，饮食尤其要注意，宜用食物来滋补，例如山药鸡、黑糯米粥、鱼汤、排骨汤等，蔬菜类可选丝瓜、冬瓜、莲藕等，或吃青菜豆腐汤，以降低火气。

适宜吃这些：橙子、草莓、梨、葡萄等。

＊ 气虚体质

产后的新妈妈因子宫受损，会有气虚的表现，如少气懒言、疲倦乏力、声音低沉、易出汗、头晕心悸、面色萎黄、食欲缺乏等，可用食疗法进补。

适宜吃这些：牛肉、鸡肉、猪肉、黄豆、红枣、鲫鱼、鲤鱼、鹌鹑、黄鳝、蘑菇等。

＊ 血虚体质

生产时失血过多，往往会出现血虚，主要表现为：面色萎黄苍白、头晕乏力、眼花心悸、失眠多梦、大便干燥。进补宜采用补血、养血、生血的方法。

适宜吃这些：乌鸡、黑芝麻、核桃、红枣、猪血、猪肝、红豆等。

＊ 阴虚体质

阴虚又称阴虚火旺，俗称"虚火"，主要是由于产后肾脏中富含营养且起濡养、润滑作用的液体发生消耗、亏损造成的。主要表现为：怕热、易怒、五心烦热、面颊升火、口干咽痛等。进补宜采用补阴、滋阴、养阴的方法。

适宜吃这些：百合、鸭肉、黑鱼、山药、莲藕、金针菇、枸杞子、银耳、荸荠等。

＊ 阳虚体质

阳虚又称阳虚火衰，是气虚的进一步表现和发展。所谓阳虚，就是产后的肾脏功能偏衰或功能减退，致使产热不足。阳虚的主要表现除有气虚的症状外，还有怕冷、四肢不温、体温偏低、小腹冷痛、小便不利等症。进补宜采用补阳、益阳、温阳等方法。

适宜吃这些：猪肉、核桃、桂圆、木瓜、栗子、鹌鹑、鳝鱼、虾等。

按哺乳方式进补

　　产后哺乳妈妈一方面要注意自己的身体恢复，一方面还要注意母乳质量，所以进补很重要。而非哺乳妈妈的主要任务除了产后恢复外，还会特别注重瘦身。这就决定了哺乳妈妈与非哺乳妈妈的产后饮食会有所不同。

＊ 哺乳妈妈

　　新妈妈在开始泌乳后要加强营养，这时的食物品种应多样化，最好应用五色搭配原理，黑、绿、红、黄、白尽量都能在餐桌上出现，既增加食欲，又均衡营养，吃下去后食物之间也可互相代谢消化。新妈妈千万不要完全依靠服用营养补充剂来代替饭菜，应遵循人体的代谢规律，食用自然的饭菜才是正确的，真正符合"药补不如食补"的原则。

　　水分是乳汁中最多的成分，新生宝宝也要依靠新妈妈的乳汁来补充水分。哺乳妈妈饮水量不足时，就会使乳汁分泌量减少。由于产后新妈妈的基础代谢较高，出汗再加上乳汁分泌，需水量高于一般人，故应多喝水，每天要喝 6~10 杯水，每杯 250 毫升。

＊ 非哺乳妈妈

　　非哺乳妈妈千万不要以为不需要给宝宝哺乳，就可以放纵自己的胃口，想吃什么就吃什么，过酸、过辣和过凉的食物会刺激新妈妈敏感的肠胃，极易造成肠胃发炎。而且处于月子期的非哺乳妈妈身体仍然是十分虚弱的，那些性寒凉或大热的食物也都不适合非哺乳妈妈食用。

　　非哺乳妈妈不宜吃得太多，因为吃得太多，活动太少，又不需要哺喂宝宝，多余的营养就会积存在新妈妈体内，使体重不断增加。此时非哺乳妈妈可在减少正餐摄入的情况下，补充一些水果。

　　非哺乳妈妈应尽量控制一下水分的摄入，不能像哺乳妈妈那样喝很多的汤汤水水，不然母乳分泌过多，会有涨奶的现象。另外，同时吃些回奶食物，如麦芽、韭菜等，应注意少进食汤汁及下奶的食物，可使乳汁分泌逐渐减少以至全无。

按分娩方式进补

不同的分娩方式,有不同的进补方法,家人要了解这方面的知识,才能照顾好新妈妈。如果只按照一种方式进补,或照搬照抄某一种分娩方式的进补方法,会使新妈妈虚弱的身体雪上加霜。那不同的分娩方式进补有什么不同呢?下面就一起来看个究竟。

＊ 顺产妈妈

顺产妈妈由于分娩时耗费巨大的精力和能量,再加上出血也会导致蛋白质和铁的流失,因此产后初期会感到疲乏无力,面色苍白,易出虚汗;同时肠胃功能也趋于紊乱,会出现食欲缺乏、食而无味等现象;而且乳汁分泌也会消耗能量及营养素。此时如果营养调配不好,不仅新妈妈身体难以康复,容易得病,而且还会影响宝宝的生长发育。

新妈妈要注意休息,优质的睡眠可以提高人体的免疫力。

＊ 剖宫产妈妈

剖宫产妈妈在开始进食时应食用促进排气的食物,如萝卜汤,帮助胃肠增强蠕动,促进排气,减少腹胀,使二便通畅。对于那些容易"胀气"的,如黄豆、豆浆等淀粉类的食物,应尽量少吃或不吃,以免加重腹胀。

此外,剖宫产妈妈也要注意少食多餐。因为手术时肠道不免会受到刺激,胃肠道正常功能被抑制,肠蠕动相对缓慢。若多食会使肠内代谢物增多,且在肠道滞留时间延长,这不仅容易造成便秘,而且产气增多,会导致腹压增高,不利于新妈妈康复。

＊ 侧切妈妈

产后因为有恶露排出,会影响侧切伤口的愈合。要想侧切伤口恢复得又好、又快,需要特别注意清洁卫生,否则就会引起炎症,延长伤口愈合的时间。脂类的缺乏会导致伤口愈合缓慢,所以新妈妈在注意伤口清洁卫生的同时,可以适当吃些富含脂类的食物,以提高身体抗炎作用。富含脂类的食物有鱼油、动物肝脏、蛋黄、黄油、大豆、玉米、芝麻油等。

产后新妈妈身体虚弱,一不小心就会感染、发热。侧切伤口的感染会引起新妈妈身体发热,而且伤口感染影响侧切愈合时间。此时应多吃一些富含维生素 A 的食物,能提高新妈妈的身体抵抗力。因为免疫球蛋白也是糖蛋白,其合成与维生素 A 有关,故补充维生素 A 有增加机体抗感染的作用。富含维生素 A 的食物有:梨、苹果、樱桃、白菜、鸡蛋、西红柿、鸡肉、大米等。

按南北方进补

　　由于气候不同，温度差异大，因此南北方在饮食上有很大差异，而这些差异也导致了南北方新妈妈月子饮食的差别。北方新妈妈多吃小米粥、面条、鸡蛋，南方新妈妈的食物则以炖品、煲汤为主。

小米可滋阴养血，促进产后恢复。

将五谷杂粮制成面条，更易消化，也能保护新妈妈的肠胃。

鸡蛋可补充蛋白质，是北方坐月子的传统佳品。

＊ 北方坐月子

　　多吃补水食物：北方人口味重，而吃得过咸会加重肾脏的负担，很容易形成痰湿体质。新妈妈需要注意调补肾脏，多吃些含水分的食物，使身体达到平衡。建议新妈妈多吃些扁豆、冬瓜、白萝卜、玉米、薏米、红豆等有助于调养肾脏的食物。

　　经常喝些小米粥：小米粥营养价值丰富，有"代参汤"的美称。很多北方新妈妈在坐月子期间都会选择食用小米粥。小米粥不仅含有丰富的维生素 B_1、维生素 B_2，其含铁量也很高，可以使产后虚弱的新妈妈得到调养。此外，小米粥还有很好的养胃功效，是新妈妈坐月子期间不能缺少的食物。

　　吃些富含膳食纤维的食物：北方天气干燥，产后的新妈妈活动又少，容易出现便秘的症状。所以生活在北方的新妈妈要适当多吃些富含膳食纤维的食物，如糙米、玉米等杂粮，根菜类和海藻类食物中也富含膳食纤维，如牛蒡、胡萝卜、红薯和裙带菜等。多吃富含膳食纤维的食物也有利于排肠毒，使新妈妈气色好、精神佳，并且也能像生活在南方的新妈妈一样，皮肤水水嫩嫩。

　　菜中少放酱油：北方人不论做什么菜都喜欢放酱油，但是酱油中含有较多的钠，含盐量也达到了将近 20%，哺乳妈妈如果食用过多酱油，会影响乳汁分泌。为了自己和宝宝的健康，新妈妈一定要控制酱油的摄入量。

* 南方坐月子

适当喝些米酒：米酒几乎是所有南方新妈妈月子里的当家补品。的确，米酒营养丰富，含糖、有机酸、维生素 B_1、维生素 B_2 等，有益气活血、通乳的功效，非常适合哺乳妈妈食用。若加入红枣和红糖，又是补血的佳品。但是米酒性热，天天食用容易上火，新妈妈还应适量食用。

宜食用红枣炒米茶：很多南方的新妈妈都会在月子里吃些红枣炒米茶。红枣具有补脾和胃、补血的功效，而炒米同样具有暖胃功效，可以帮助新妈妈更好地吸收食物的营养。不过，任何食物都不宜进补过量，以免引起新妈妈上火。

煲汤补身体：南方人普遍喜欢煲汤，而产后第 1 周新妈妈主要的饮食就是滋补汤，这正好是南方人的优势。不过，家人在煲汤时还是要根据新妈妈的身体状况来制订食谱，以免不利于新妈妈的复原。尤其是产后第 1 周，最好不要食用催乳效果太强的补汤，以免在乳腺未通的情况下催乳，导致乳房胀痛。

忌辛辣食物：由于气候潮湿，南方人很喜欢吃辣，因为吃辣能够祛除体内湿气。但在坐月子期间，新妈妈即使再喜欢吃辣，也要忌口。辛辣食物不仅对肠胃造成影响，还会引起大便干燥，导致新妈妈排便困难，不利于身体排毒，影响母乳质量和宝宝的健康。

做菜用茶油：很多南方地区的新妈妈将茶油称为"月子油"，可见其功效。茶油含有丰富的维生素 E、维生素 D、维生素 K、胡萝卜素和微量的黄酮、皂素等物质。新妈妈常食茶油，可提高免疫力，还能美容护肤、抗衰老。茶油还可以增加母体免疫力，从而提高母乳量，把更多的营养物质及免疫物质提供给宝宝。

产后 1 周最好不要食用催乳效果太强的补汤。

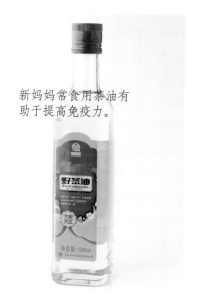

新妈妈常食用茶油有助于提高免疫力。

月子里的炖补食材

坐月子时期，新妈妈和家人都会有这样的困惑，不知道该吃什么，不该吃什么，哪些食材能够促进身体尽快恢复，哪些食材下奶效果好……不用担心，下面的食材可以根据新妈妈的口味任意选择，让家人更轻松，让新妈妈更安心。

荤食材篇

乌鸡：乌鸡有滋补肝肾、益气补血等功效，特别是对产后新妈妈的气虚、血虚、脾虚、肾虚以及宝宝生长发育迟缓等尤为有效。乌鸡含有人体不可缺少的赖氨酸、蛋氨酸和组氨酸，能调节人体免疫功能和抗衰老。

鲫鱼：鲫鱼的营养非常全面，对于剖宫产妈妈是很有益的，它可以增强抗病能力，有通乳催奶的作用。鲫鱼对于产后脾胃虚弱的新妈妈有很好的滋补作用。

鲤鱼：鲤鱼可滋补健胃、利水消肿、通乳，对新妈妈产后水肿、腹胀、少尿、乳汁不通皆有益。

黄花鱼：黄花鱼特别适用于产后体质虚弱、面黄肌瘦、少气乏力、目昏神倦的新妈妈食用。同时对有睡眠障碍、失眠的新妈妈有安神、促进睡眠的作用。

蛤蜊：蛤蜊含有蛋白质、脂肪、铁、钙、磷、碘、维生素和牛黄酸等多种营养成分，是一种低热量、高蛋白的理想食物。具有滋阴润燥、利尿消肿的作用。

猪蹄：猪蹄中含有丰富的胶原蛋白，胶原蛋白可促进宝宝毛发、指甲生长；猪蹄有利于组织细胞正常生理功能的恢复，加速新陈代谢。猪蹄汤还具有催乳作用，对于哺乳期的新妈妈能起到催乳和美容的双重作用。

羊肉：羊肉味甘，性热，可益气补虚、温中暖下、壮筋骨、厚肠胃，主要用于疲劳体虚、腰膝酸软、产后虚冷、腹痛等。产后吃羊肉可促进血液循环，增温驱寒。

牛肉：牛肉含有丰富的蛋白质和氨基酸，能提高机体抗病能力，可补血、修复受损的组织。牛肉中的肌氨酸含量很高，这使它增长肌肉、增强力量的功效很突出。

排骨：排骨富含磷酸钙、骨胶原、骨粘蛋白等成分，能为新妈妈提供钙质，还能提供血红素（有机铁）和促进铁吸收的半胱氨酸，有助于改善缺铁性贫血。新妈妈食用排骨可以补血益气，滋养脾胃。

素食材篇

牛奶：牛奶中含有的磷，对促进宝宝大脑发育有着重要的作用；牛奶中的维生素 B_2，有助于视力的提高；牛奶中的钙，可增强骨骼及牙齿强度，促进智力发育；牛奶中的镁能缓解心脏和神经系统疲劳；所含的锌能促进伤口快速愈合。

豆腐：豆腐中含有丰富的蛋白质、脂肪、碳水化合物、钙、磷、铁、维生素及人体必需的 8 种氨基酸等；每 2 块豆腐中所含的蛋白质，相当于 1 个鸡蛋所含的蛋白质。属低热量、低脂肪、高蛋白、不含胆固醇的食物，适合产后新妈妈进补食用。

香菇：香菇素有"山珍"之称，它富含蛋白质、氨基酸、脂肪、膳食纤维和维生素 B_1、维生素 B_2、维生素 C、烟酸、钙、磷、铁等。其蛋白质中有白蛋白、谷蛋白、醇溶蛋白、氨基酸等，对促进人体新陈代谢，提高机体适应力有很大作用，可用于脾胃虚弱、食欲减退、少气乏力等。

竹荪：竹荪属于碱性食物，长期食用能调整体内血脂的含量。此外，竹荪还可以降低体内胆固醇，减少腹壁脂肪堆积等，是新妈妈产后瘦身的理想食物。

红枣：红枣味甘，性温，有补中益气、养血安神、缓和药性的功能。红枣可补气养血，食疗药膳中常加入红枣补养身体、滋养气血。红枣还有养血安神的作用，对于新妈妈产后抑郁、心神不宁等都有很好的缓解作用。

莲藕：熟莲藕能健脾开胃，益血补心，故主补五脏，有消食、止泄、生肌的功效。莲藕中碳水化合物的量不算很高，而维生素 C 和膳食纤维比较丰富。在根茎类食物中，莲藕含铁量较高，对产后缺铁性贫血的新妈妈大有帮助。莲藕性偏凉，故产后不宜过早食用，一般产后一两周食用莲藕可以祛淤。

核桃：核桃有补血养气、补肾益精、止咳平喘、润燥通便等良好功效。核桃与芝麻、莲子同时食用，能补心健脑，还能治盗汗；核桃与桂圆、山楂搭配，能改善心脏功能。

鸡蛋：鸡蛋含有丰富的蛋白质、脂肪、维生素和铁、钙、钾等矿物质，蛋白质为优质蛋白，对肝脏组织损伤有修复作用；富含 DHA 和卵磷脂、卵黄素，对神经系统和身体发育有利，能健脑益智，改善记忆力，并促进肝细胞再生。

药食材篇

当归：当归中的挥发油能抑制子宫平滑肌收缩，而其水溶性非挥发性物质，则能使子宫平滑肌兴奋。当归对子宫的作用取决于子宫的功能状态而呈双向调节作用。当归有抗血小板凝集和抗血栓作用，并能促进血红蛋白及红细胞的生成。当归可补血活血，调经止痛，润肠通便。

黄芪：黄芪是一味常用的中药，它的主要药理作用是益气固表，可以利水，凡是产后气虚、气血不足的情况，都可以用黄芪。黄芪性微温，味甘，有补气固表、止汗脱毒、生肌、利尿、消肿之功效。

益母草：别名坤草，是一种草本植物。味苦辛，性微寒，可祛瘀生新，活血调经，利尿消肿，益母草浸膏及煎剂对子宫有强而持久的兴奋作用，不但能增强其收缩力，同时能提高其紧张度和收缩率。

川芎：川芎为妇科用药，可活血行气，祛风止痛，开郁调经。不论风寒、风热、气虚、血虚、血瘀头痛，只要配伍得当，均可应用，如产后因寒凝气滞、血行不畅而致的腹痛，以及肝郁气滞、胸胁胀痛等均可使用川芎。川芎含有一种油状生物碱以及阿魏酸、挥发油等，有镇痛、镇静等作用，少量使用能使子宫收缩加强。应避免此药用量过大，用药时间过长，以免发生不良反应。

甘草：甘草味甘，性平，可补脾益气，清热解毒，祛痰止咳，缓急止痛，调和诸药。可用于产后脾胃虚弱，倦怠乏力，心悸气短等。

枸杞子：枸杞子含有枸杞多糖、多种氨基酸、矿物质、维生素、牛黄酸、生物碱、挥发油等化学成分，具有滋补肝肾，益精明目的功效，其主要有效成分为枸杞多糖，可调节人体免疫功能，清除机体自由基，维护肾气旺盛。

月子餐炖补 6 大秘诀

烹制月子餐有一定的方法和秘诀，掌握这些，才能为新妈妈烹制出可口又营养的饭菜。做出让新妈妈有食欲的饭菜也许只在于一种调料或一个烹制器皿，快来了解这些，提高做月子餐的厨艺吧！

选料要得当

选料是煲好进补鲜汤的关键所在。用于给产后新妈妈进补的原料，通常为动物性原料，如鸡肉、鸭肉、猪瘦肉、猪蹄、猪骨、鱼类等，这类食材含有丰富的蛋白质和核苷酸等。

肉中能溶解于水的含氮浸出物，是汤鲜味美的主要根源。但要注意刚宰杀的肉其实并不适合炖汤，所说的"鲜"，是指鱼、畜、禽宰杀后3~5小时，此时，鱼、畜或禽肉中的各种酶，会使蛋白质、脂肪等分解为人体易于吸收的氨基酸、脂肪酸，味道最佳。

火候要适宜

煲汤时食物温度应该长时间维持在85~100℃。因此，煲汤火候的要诀是大火烧沸，小火慢炖。这样可使食物蛋白质浸出物及鲜香物质尽可能地溶解出来，使汤既清澈，又浓醇。

鱼汤的最佳熬制时间在1小时左右，鸡汤、排骨汤一般在2小时内。在汤中加蔬菜应随放随吃，以避免其中所含的维生素C及B族维生素受到破坏，且煲汤时水面要没过蔬菜，和空气隔离，从而减少营养损失。

放料有学问

产后不宜进食辛辣、味重的食物，如辣椒、鸡精、胡椒、葱、蒜之类应尽量少食用。此外，要注意调味料的投放顺序，盐应该最后放，因为盐会使原料中的水分排出、蛋白质凝固，有碍鲜味成分的扩散。

搭配有讲究

许多食材已有固定的搭配模式，可以使营养素起到互补作用，即餐桌上的黄金搭配。比如说，煲鲤鱼汤时，不妨加入花生、红豆等，可以使鲤鱼的蛋白质产生更大价值；海带炖肉汤，酸性食物肉与碱性食物海带能起到组合效应。为使汤的口味纯正，一般不用多种动物食材同煮。

选好器，补品好滋味

　　煲出一碗香气四溢、营养滋补的汤，锅的选择也是至关重要的，正如人们常说的"工欲善其事，必先利其器"。

砂锅：砂锅是由陶土、长石、石英等多种原料烧制而成的，集炊具与餐具于一身，以炖、煮为主。同时，砂锅耐酸、耐碱、透气性好、散热慢，适宜用来炖煮煲汤。

不锈钢锅：用不锈钢锅熬汤，不仅熬制时间短，还能充分保留食物中的营养成分，是那些不必长时间熬煮的食材的好搭档。

陶瓷锅：陶瓷锅与砂锅类似，也是煲汤的良器，这种锅导热均匀，化学性质稳定，保温性好，水分蒸发量小，尤其适合用来熬制奶白醇香的鱼汤。

炖盅：炖盅"隔水蒸炖"，能保住汤品的元气不被挥发；能使热力均匀平衡，使汤品的营养结构不被破坏，不但食材酥烂，原汁原味，而且汤色澄清，鲜味浓郁。

瓦罐：瓦罐受热时，整个锅都均匀受热，汤汁在锅里能充分混合；而且不会破坏汤料中药材、食材的营养成分，煲出的汤有自然清新的味道，是煲鸡汤的不二之选。

高压锅：高压锅煲汤是在一个密封的环境下，通过高压锅的压力获得高温在很短的时间内把原料煮熟，省时又省力。

小调料，大功效

红糖：红糖味甘，性温，具有益气补血、健脾暖胃、缓中止痛、活血化瘀的作用。红糖中所含的葡萄糖、果糖等多种单糖和多糖类能量物质，可加速皮肤细胞的代谢，为细胞提供能量。产后新妈妈应适当补充些红糖。

盐：盐是身体当中不可或缺的物质之一，少了它，就会浑身乏力，尤其是产后的新妈妈大量出汗，需要适当补充点盐，帮助身体恢复。

生姜：生姜性温，味辛，具有辛温宣散、发汗解表、温中止呕、祛风散寒、温肺止咳的功效。生姜用于烹饪，可以去腥膻，增加食物的鲜味。温中散寒的生姜，还可以帮助新妈妈预防感冒。

蜂蜜：蜂蜜中的主要成分果糖和葡萄糖均为人体能直接吸收的单糖，具有迅速恢复体力、解除疲劳的作用。而且，蜂蜜中的 B 族维生素较多，能促进体内脂肪转化为能量，是产后新妈妈解除疲劳及瘦身的好选择。

醪糟：醪糟富含碳水化合物、蛋白质、B 族维生素、矿物质等营养物质，酒精含量较低，滋补性较强。醪糟可活血行经，散结消肿，产后乳汁不畅、肾虚腰疼的新妈妈宜常食用。

第二章
生产当天这样补

　　生产过后，新妈妈会感到饥肠辘辘，当天不要吃太油腻的食物，可适量吃些容易消化又没有刺激的食物。饭后可美美地睡上一觉，以恢复生产时严重消耗的体力。剖宫产的新妈妈会在术后36小时内排气，待排气以后，再喝水和吃东西。

临产前吃什么

生产是一项重体力活，孕妈妈的身体、精神都经历着巨大的能量消耗。生产前的饮食很重要，除了要补充身体的需要外，还要增加产力，饮食安排得当，可以促进产程的发展，帮助孕妈妈顺利生产。

黄芪羊肉汤

- **原料：** 羊肉 200 克，黄芪 15 克，红枣 8 颗，姜片、盐各适量。

- **做法：** ❶ 将羊肉洗净，切小块，放在沸水锅中略氽一下去掉血沫，捞出。❷ 红枣洗净。❸ 羊肉块、黄芪、红枣、姜片一同放入锅内，加适量水，大火煮沸后，转小火慢炖至羊肉软烂。❹ 出锅前加盐调味即可。

- **营养功效：** 准备顺产的孕妈妈在临产前可以适量食用些黄芪羊肉汤，它能够补充体力，有利于顺利生产，同时还有安神、快速消除疲劳的作用。

体质虚寒的孕妈妈更要吃些黄芪羊肉汤，不仅可补血益气，更对分娩有益。

临产前不同阶段的饮食

在进产房前 8~12 小时，为了确保有足够的精力完成生产，孕妈妈应尽量进食，食物以半流质或软烂的食物为主，如鸡蛋面、汤、粥等。

临产活跃期，孕妈妈应尽量在宫缩间歇摄入一些果汁、藕粉、红糖水等流质食物，以补充体力。

＊ 给剖宫产妈妈的特别建议

实施剖宫产的情况

孕妈妈实施剖宫产一般有两种情况：在怀孕的过程中计划实施剖宫产和在生产过程中决定剖宫产。如果是有计划地实施剖宫产，一般会在孕 37 周以后实施手术，这时子宫还没有开始收缩，手术会比较容易实施。当然，在经过试产后，顺产遇到困难，在生产的过程中也需要实施剖宫产手术。

产前提前加强营养

一旦决定剖宫产，产前一定要加强营养，多吃新鲜的水果、蔬菜以及蛋、奶、瘦肉、肉皮等富含维生素 C、维生素 E 和人体必需氨基酸的食物，可以促进血液循环，改善表皮代谢功能。忌吃辣椒、葱、蒜等刺激性食物，防止引起刺痒。

一些慢性病，如营养不良、贫血、糖尿病等都不利于伤口的愈合，因此，产前都要积极治疗。

剖宫产前要禁食

如果是有计划实施剖宫产，手术前要做一系列检查，以确定孕妈妈和胎宝宝的健康状况。手术前一天，晚餐要清淡，午夜 12 点以后不要吃东西，以保证肠道清洁，减少术中感染。手术前 6~8 小时不要喝水，以免麻醉后呕吐，引起误吸。手术前注意保持身体健康，避免患上呼吸道感染、感冒等发热的疾病。

剖宫产前不宜食用高级滋补品

剖宫产前不宜食用高级滋补品，如高丽参、西洋参等。因为参类具有强心作用，容易使孕妈妈过于兴奋；尽量少吃或不吃鱿鱼，鱿鱼体内含有丰富的有机酸物质，它能抑制血小板凝集，不利于术后止血与创口愈合。

产后第 1 餐 关键第一口

刚刚生产完的新妈妈，身体处于调节、提高身体免疫力的阶段，同时还要将体内的营养通过乳汁输送给宝宝，营养需要比怀孕时还要多，因此必须加强饮食调理。产后应合理安排膳食，多吃营养丰富的食物。产后的第 1 餐应首选易消化、营养丰富的流质食物，等到第 2 天就可以吃一些软食或普通饭菜了。

花生红枣小米粥

- **原料：** 小米 100 克，花生 50 克，红枣 8 颗。

- **做法：** ❶ 小米、花生洗净，浸泡 30 分钟。❷ 红枣洗净，去核。❸ 小米、花生、红枣一同放入锅中，加适量水，大火煮沸后，转小火煮至小米、花生熟透即可。

- **营养功效：** 小米性凉，有益气、补脾、和胃、安眠等功效；红枣性温，有益气补血、健脾和胃等功效；花生性平，有补气润肺、健脾开胃等功效。三者同食可补虚、补血、健脾养胃。

小米煮粥吃最好，可以很好地保留其营养。

适量摄入牛奶和汤类

　　哺乳期的新妈妈每天所需总热量大约比孕前多出 1/3，而产后的前几天，正是为顺利哺乳打基础的时候。生产时不仅失血较多，也会因流汗损失大量体液，因而在补铁的同时，可以适当喝 1 杯温热的牛奶，或 1 碗鸡蛋蔬菜汤。

＊ 给剖宫产妈妈的特别建议

术后 6 小时内应禁食

剖宫产妈妈由于术后肠管受到刺激，肠道功能受损，肠蠕动减慢，肠腔内有积气，易产生腹胀感。因此，剖宫产术后 6 小时内应禁食，6 小时后，可以喝一点开水，刺激肠蠕动，等到排气后，才可进食。刚开始进食的时候，不要吃巧克力、果汁和牛奶等胀气食物，应选择流质食物，然后由软质食物向固体食物渐进。

饮食有别

剖宫产与顺产相比，新妈妈身体上有很大的不同：子宫受到创伤；手术中失血，使血中催产素含量降低，影响了子宫复旧；术后禁食，身体活动少，使子宫入盆延迟，恶露持续时间延长；精神疲惫，脑垂体分泌催乳素不足，影响乳汁正常分泌等。进行剖宫产的妈妈，更应该注意调养身心。剖宫产妈妈因有伤口，同时产后腹内压突然减轻，腹肌松弛、肠蠕动缓慢，易有便秘倾向，所以饮食的安排应与顺产妈妈有差别。

少吃易产气食物

剖宫产妈妈开始进食时宜服用促进排气的食物，如萝卜汤，以增强肠蠕动，促进排气，减少腹胀，并使大小便通畅。少吃或不吃易发酵、产气多的食物，如糖类、黄豆、豆浆、淀粉类等食物，以防腹胀。

流食为主

大量排气后，剖宫产妈妈的饮食可由流质改为半流质，如粥、面条等，可根据新妈妈的体质而定，饮食逐渐恢复到正常。应禁止过早食用鸡汤、鲫鱼汤等油腻肉类汤和催乳食物。

蛋白质利于伤口愈合

剖宫产后伤口愈合的快慢也跟饮食有重要的关系，此时剖宫产妈妈应该加强营养，多吃一些促进伤口愈合的食物。

蛋白质及胶原蛋白，能促进伤口愈合，减少感染机会。含蛋白质丰富的食物有各种瘦肉、牛奶、蛋类等。

维生素 A 能够逆转皮质类固醇对伤口愈合的抑制作用，促进伤口愈合。它主要存在于鱼油、胡萝卜、西红柿等食物中。

维生素 C 可以促进胶原蛋白的合成，促使伤口愈合。它主要存在于各种蔬菜、水果中。

产后第 2 餐 补充能量

新妈妈在经历了长时间的生产后，体力和精力都严重透支，为了保证自己的身体尽快恢复，并且为喂育宝宝做好充足的准备，新妈妈的首要任务是补充身体能量。新妈妈不仅要抓紧时间休息，恢复体力，还要适量吃清淡而营养丰富的食物来补充能量。

紫菜鸡蛋汤

- **原料：** 鸡蛋 1 个，紫菜 1 张，虾皮、香菜、盐、香油各适量。

- **做法：** ❶ 紫菜撕成片状。❷ 鸡蛋打成蛋液，在蛋液里放一点点盐，然后将其搅匀。❸ 锅里倒入适量水，待水煮沸后放入虾皮略煮，再把鸡蛋液倒进去搅拌成蛋花。❹ 最后放入紫菜，中火再继续煮 3 分钟。❺ 出锅前加盐调味，撒上香菜、淋上香油即可。

- **营养功效：** 紫菜中含丰富的钙、铁元素，是新妈妈产后贫血的滋补良品，鸡蛋有助于新妈妈恢复体力。

紫菜鸡蛋汤做法简单，营养美味，加入虾皮后更加鲜香可口。

不要急着喝催奶汤

新妈妈大多乳腺管还未完全通畅，产后前两三天不要急着喝催奶的汤，不然涨奶期可能会痛得想哭，也容易得乳腺炎，而且肠胃功能还没有完全恢复，快速进补，会使得产后妈妈"虚不胜补"，反而会给身体增加负担。

* 给剖宫产妈妈的特别建议

卧床休息

无论局部麻醉还是全身麻醉的剖宫产妈妈,术后都应卧床休息,每隔 6~8 小时在护理人员的帮助下翻一次身,以免局部压出褥疮。放置于伤口的沙袋一定要持续压迫 6 小时,以减少和防止刀口及深层组织渗血。另外,应保持环境安静、清洁,注意及时更换消毒软纸。

不宜长时间平卧

手术后麻醉药作用消失,剖宫产妈妈伤口感到疼痛,而平卧位对子宫收缩疼痛最敏感,因此,产后 6 小时后可变换睡眠姿势。宜采取侧卧位,使身体和床成 20°~30°,可将被子或毛毯垫在背后,以减轻身体移动时对伤口的震动和牵拉。

不宜过饱

剖宫产妈妈的肠道难免要受到刺激,胃肠道正常功能被抑制,肠蠕动相对减慢。如多食会使肠内代谢物增多,在肠道滞留时间延长,这不仅可造成便秘,而且产气增多,腹压增高,不利于康复。

及时排便

剖宫产后,由于疼痛致使新妈妈腹部不敢用力,大小便不能及时排泄,易造成尿潴留和大便秘结,故术后新妈妈应克服心理障碍及时大小便。

严防感冒

感冒咳嗽影响伤口愈合,剧烈咳嗽甚至可造成伤口撕裂,已患感冒的剖宫产妈妈应及时治疗。另外,要确保腹部切口及会阴部清洁,发痒时不要抓挠,更不要用不洁净的物品擦洗。

少用止疼药

年轻的剖宫产妈妈多少有点"娇气",在产后麻醉作用消退时,会感觉到伤口出现疼痛,并逐渐强烈。此时,新妈妈最好不要再用止痛药物,因为它会影响肠蠕动功能的恢复,也不利于哺乳。为了宝宝,新妈妈忍一忍,这种疼痛很快就会过去的。

产后第3餐 补充必需营养素

前所未有的疼痛和产后兴奋的心情一同来临，不知道该把注意力放在哪里，胃口似乎也不尽如人意，根本想不起来吃什么，但是一阵阵的肠鸣音提醒新妈妈，到了该吃饭的时间。此时的饮食除了注意软烂易消化外，还应注意营养素的补充。

西红柿鸡蛋面

- **原料：**西红柿 100 克，油菜 50 克，鸡蛋 1 个，面条 100 克，盐适量。

- **做法：**❶ 鸡蛋打匀成蛋液，油菜洗净后切成 3 厘米长的段，备用。❷ 西红柿用热水烫过，去皮，切成块，备用。❸ 油烧热后，放入西红柿块煸出汤汁。❹ 锅内加入清水，烧开后把面条放入，煮至完全熟透。❺ 将蛋液、油菜段放入锅内，大火再次煮开。❻ 出锅时加盐调味即可。

- **营养功效：**软软的面条非常好消化，西红柿稍酸的口感，可帮助新妈妈增强食欲。

西红柿酸酸甜甜的，做熟后再吃比生吃更有利于营养的吸收。

产后两大营养素必不可少

氨基酸：氨基酸可以刺激脑部分泌出一些让人心情振奋的化学物质，可以有效减少产后抑郁症的发生。

必需脂肪酸：必需脂肪酸是能调整激素、减少发炎反应的营养素，还是婴儿大脑及神经系统发育必不可少的营养素。

＊ 给剖宫产妈妈的特别建议

术后及早活动

从剖宫产术后恢复知觉起，就应该进行肢体活动，24 小时后要练习翻身、坐起，并下床慢慢活动，这样能增强胃肠蠕动，尽早排气，还可预防肠黏连及血栓形成而引起其他部位的栓塞。

麻醉消失后，上下肢肌肉可做些收放动作，拔出导尿管后要尽早下床，动作要循序渐进，先在床上坐一会儿，再在床边坐一会儿，再下床站一会儿，然后再开始溜达。

开始下床行走时可能会有点疼痛，但是对恢复消化功能有好处。术后 24 小时，新妈妈可以在家人帮助下，忍住刀口的疼痛，在地上站立一会儿或轻走几步，每天坚持做三四次。实在不能站立，也要在床上坐起一会儿，这样也有利于防止内脏器官的粘连。

注意观察 24 小时内出血量

剖宫产时，子宫出血较多，术后 24 小时内应注意阴道出血量，如发现超过正常月经量或阴道排出组织，要及时通知医生。

预防伤口缝线断裂

咳嗽、恶心、呕吐时，应压住伤口两侧，防止缝线断裂。

护理人员还可在新妈妈卧床休息时，给新妈妈轻轻按摩腹部，方法是自上向下按摩，每两三个小时按摩一次，每次 10~20 分钟，不但能促进肠蠕动恢复，还有利于子宫、阴道内残余积血的排出。

导尿管拔出以后，最好能增加饮水量

因为插导尿管本身就可能引起尿道感染，再加上阴道排出的污血很容易污染到尿道，通过多饮水、多排尿，可冲洗尿道，以防泌尿系统感染。

第三章
产后第 1 周

新妈妈的身体变化

乳房	大约在产后第 3 天,新妈妈才会有乳汁分泌
胃肠	孕期受到子宫压迫的胃肠终于可以"归位"了,但功能的恢复还需一段时间
子宫	产前胎宝宝温暖的小窝——子宫,在完成自己的使命后,也功成身退了。本周,子宫会慢慢地变小,逐日收缩。但要恢复到怀孕前的大小,至少要经过 6 周左右
伤口及疼痛	千辛万苦、费尽周折生下宝宝之后,恼人的疼痛不会立即消失,尤其是"挨了刀"的新妈妈,缝合部位的疼痛感会更加明显。但再坚持 3~5 天,情况就会有所好转
恶露	新妈妈会排出类似"月经"的东西(含有血液、少量胎膜及坏死的蜕膜组织),这就是恶露。本周正是新妈妈排恶露的关键期,恶露起初为鲜红色,几天后转为淡红色
排泄	产后两三天内,新妈妈会有多尿的情况出现,这是因为怀孕后期身体潴留了大量的水分,此时,身体正忙着排毒呢

1 第 周

Q&A
产后感觉全身水肿，腿粗了，脸也大了，照镜子看着都不像自己了，为什么？

产后的新妈妈，需要供给宝宝足量的母乳补充大量的水分，由于母乳中的水分都来自于母体，所以哺乳期间身体内的水分将出现急速下降从而缺水的情况。所以在产后，新妈妈短时间内身体会出现水肿是正常的生理现象。

通过按摩促进血液循环，对水肿的预防和缓解是很有效的。按摩时要从小腿方向逐渐向上，这样才有助于血液返回心脏。

适当运动，也可以有效缓解水肿，如散步。

饮食调养方案

先别急着下奶

看着嗷嗷待哺的宝宝，再想想"空空如也"的乳房，新妈妈的第一反应就是进补。想要哺育宝宝的心情可以理解，但产后立即大补促下奶的方法则是大错特错。因为产后新妈妈身体太虚弱，马上进补催奶的高汤，往往会"虚不受补"，反而会导致乳汁分泌不畅。另外，宝宝在初生几天内吃得较少，如果服催奶品，奶水太多还易形成乳疮。

以开胃为主，并吃些利于伤口愈合的食物

不论是顺产还是剖宫产，产后最初几天，新妈妈似乎对"吃"提不起兴趣。因为身体虚弱，胃口会非常差。如果猛补大鱼大肉，只会适得其反。所以，在产后第 1 周里，适宜吃比较清淡的饮食，如素汤、蔬菜炒肉末等，同时吃些橙子、草莓、猕猴桃等有开胃作用的水果。本阶段的重点是开胃而不是滋补，新妈妈胃口好，才能食之有味，吸收才能好。顺产妈妈伤口愈合只需三四天，而剖宫产妈妈则需约 1 周。产后吃得对，能加速伤口愈合，建议多吃富含优质蛋白和维生素 C 的食物，以促进组织修复。

先排毒

产后第 1 周也称为新陈代谢周。新妈妈怀孕时体内潴留的毒素、多余的水分，废血、废水、废气，都会在这一阶段排出。因此，第 1 周的饮食要以排毒为先，如果大量进补，恶露和毒素会排不干净。

产后第 1 周一日食谱推荐

早餐	1 个鸡蛋 +1 碗红糖小米粥	不习惯喝甜粥的新妈妈可以不放糖，单独喝红糖水。吃不下鸡蛋的新妈妈也可以中午时再吃。早餐以开胃为主，新妈妈根据自己的胃口来就可以
加餐	1 杯牛奶 +1 个核桃	上午的加餐对于新妈妈来说很重要，尤其是早餐没有吃好的新妈妈，可以在加餐时吃些营养较高的食物，如牛奶、鸡蛋或坚果等，既补充能量，也有利于促进乳汁分泌
午餐	1 碗米饭 +1 份清炒黄瓜片 + 适量什菌一品煲	午餐一定要吃好，讲究荤素搭配、粗细粮搭配，这样才能保证新妈妈的营养均衡。如果中午有汤，可以先喝汤，然后再吃饭，这样有利于肠胃的健康
加餐	1 碗生化汤 +3 个开心果	如果新妈妈恶露排出顺畅，无小腹疼痛的感觉，可不必服用生化汤。用蔬菜汤或水果汤再加几个坚果作为下午的加餐也不错，可提振精神，补充体力
晚餐	适量千层饼 +1 份清炒黄豆芽 +1 碗菠菜营养汤	晚餐适量为宜，不要吃得太饱。晚餐以易消化的汤粥为主，主食可以选择千层饼，也可以吃半个发面馒头，好消化、利吸收，副食以清淡的炒青菜为宜
加餐	1 碗薏米红枣百合汤 /1 杯酸奶	产后水肿的新妈妈一定要喝薏米红枣百合汤，晚上的加餐以这样的汤水为主。因为晚上肠胃功能较弱，如果要像正餐一样吃，反而不利于晚上的睡眠和身体的休养

核桃：核桃与牛奶搭配，营养又可口。

开心果：香香脆脆的开心果，可以抵消生化汤的不良口感。

菠菜营养汤：菠菜做汤时，最好先用水焯一下，以去除草酸。

清炒黄豆芽：黄豆芽性质温和，具有促进乳汁分泌的作用。

清炒黄瓜：黄瓜清淡利口，还利于新妈妈伤口的愈合。

酸奶：酸奶一定要放至常温再喝，喝完酸奶后新妈妈要漱口。

第1周坐月子炖补食材

 清补食物为主

产后第1周，新妈妈还没有胃口，所以食物应清淡、易消化，以促进肠胃的恢复。新妈妈没有食欲时，可以少食多餐，不要勉强自己，能吃多少就吃多少。选对食物之外，也应注意烹调方法，小火慢熬，做得软烂一些才更有利于新妈妈身体的吸收。

缺乏食欲的新妈妈可多闻一闻橙子的香味或在饭前吃点橙子。

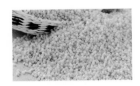

宜吃关键词 ➤ 滋阴养血、防治消化不良

小米具有滋阴养血、防治消化不良的功效，新妈妈产后常食小米粥可以使虚寒的体质得到调养，帮助恢复体力。

宜吃关键词 ➤ 有利于伤口愈合

鸡蛋中含有蛋白质，还含有人体必需的8种氨基酸，有利于侧切的新妈妈和剖宫产妈妈伤口的愈合，也有利于优质乳汁的生成。

宜吃关键词 ➤ 促进恢复、缓解抑郁

橙子几乎含有水果中能提供的所有营养成分，能增强产后新妈妈的免疫力，促进恢复，加速伤口愈合。橙子所散发出的气味也有利于缓解产后新妈妈的心理压力，有利于克服烦躁、抑郁的情绪。

| 小米 | 红枣 | 鸡蛋 | 白菜 | 橙子 | 香蕉 |

宜吃关键词 ➤ 补气养血

红枣中含维生素C较多，还含有大量的葡萄糖和蛋白质，具有补气养血、益气生津、调节血脉的作用，特别适合产后脾胃虚弱、气血不足的新妈妈。

宜吃关键词 ➤ 预防便秘

白菜中含有丰富的膳食纤维、β-胡萝卜素、铁、镁、钾、维生素A等，能促进肠蠕动、帮助消化，预防产后便秘。白菜中含有能提升钙质吸收所需的成分，且1杯熟的白菜汁能提供几乎与1杯牛奶一样多的钙。

宜吃关键词 ➤ 清热、润肠

产后食用香蕉，可使新妈妈心情舒畅安静，有助眠作用，甚至能使疼痛感下降。香蕉中含有大量的膳食纤维和铁，有通便补血的作用。不过香蕉每日不可多食，每天1根即可。

忌 生冷的食物

产后新妈妈脾胃虚弱，生冷的食物会伤胃，增加消化道的负担，所以一切食物应以温软为宜。生冷食物吃得过多，会造成胃痛、腹泻等不舒服的症状，不利于新妈妈产后身体的恢复，所以在坐月子食材的选择上，家人应特别注意。

忌吃关键词 ▶ 伤脾胃

苦瓜性凉，多食易伤脾胃，引起恶心、呕吐，所以脾胃虚弱的新妈妈更要少吃或不吃苦瓜。

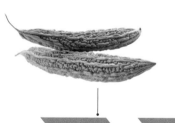

忌吃关键词 ▶ 容易引起消化道疾病

生菜性凉，且作为生冷食物，生食时由于未经高温消毒，生菜上往往含有细菌、农药等，而新妈妈刚生完宝宝，身体比较虚弱，抵抗力差，容易患消化道疾病，如胃肠炎。因此新妈妈产后，尤其是月子初期，应尽量不生吃生菜。

忌吃关键词 ▶ 加重脾胃负担

螃蟹性寒，而月子期间的新妈妈由于产后身体还没有完全恢复，脾胃功能较差，因此应尽量少吃螃蟹。且蟹黄中的胆固醇含量较高，过量食用会增加体内的胆固醇含量，不利于身体健康。

苦瓜	木耳菜	生菜	西瓜	螃蟹	柿子

忌吃关键词 ▶ 寒凉

木耳菜性属寒凉，有清热解毒的功效，但亦有滑肠凉血之效，孕产妇应谨慎食用。尤其是脾胃虚寒的新妈妈，因其性属寒凉，对产后恢复有不利影响。

忌吃关键词 ▶ 容易引起肠胃炎

西瓜是大寒之物，新妈妈产后体质较弱，抵抗力差，容易引起肠胃炎等消化道疾病，所以新妈妈应谨慎食用西瓜，尤其产后第 1 周内不要食用。

忌吃关键词 ▶ 易回乳

柿子属于凉性的食物，哺乳妈妈食用过多会导致回乳，母乳的质量也会受到影响，这对宝宝非常不利，还容易引发湿疹问题。柿子里面含有鞣酸与果胶，胃内黏液与食物残渣胶合会形成柿石，导致胃柿石症。

第1天

产后第1天的新妈妈，虽然身体亟需养分，但胃肠功能还在调整中。饮食要以清淡为主，适当进食谷类、水果、牛奶等，可改善食欲和消化系统功能，缓解疼痛和不适感，有助于循序渐进地恢复体力。

顺产妈妈

什菌一品煲

- **原料：** 猴头菌、草菇、平菇、白菜心各50克，香菇15克，葱段、盐各适量。

- **做法：** ❶ 香菇泡发后洗净，切去蒂部，划出花刀；平菇洗净切去根部；猴头菌和草菇洗净后切开；白菜心掰开成单片。❷ 锅内放入清水、葱段，大火烧开。❸ 将所有食材放入锅中，大火烧开，转小火煲20分钟，加盐调味即可。

- **营养功效：** 可开胃健脾，很适合产后虚弱的新妈妈食用。

产后不要马上睡觉

经历难忘的分娩后，新妈妈会有强烈的疲劳感，真想痛痛快快地睡一觉。但是专家和医生建议，产后不宜立即熟睡，应当取半坐卧位闭目养神。其目的在于消除疲劳、安定神志、缓解紧张情绪等，半坐卧还能使气血下行，有利于恶露排出。

这道菜味道香浓，有利于放松紧绷的神经，具有很好的开胃作用。

* 照护建议：先吃些素炖补

　　这时候的饮食，以清淡、温热最为适宜，太热、太凉或者过咸的食物都会让新妈妈感到不适。针对这时候新妈妈食欲差、消化功能较弱的特点，最好能给新妈妈饮用一些滋补素汤，如薏米红枣百合汤、蔬菜汤等，既含有丰富的营养，也不过分油腻，对产后疼痛的缓解和伤口的恢复都有一定的好处。

注意量体温

坐好月子 3 件事

观察出血量　*及时排便*

薏米红枣百合汤

• **原料：** 薏米 50 克，鲜百合 20 克，红枣 5 颗。

• **做法：** ❶ 将薏米淘洗干净，放入清水中浸泡 4 个小时；鲜百合洗净，掰成片，备用；红枣洗净、去核，备用。❷ 将泡好的薏米和清水一同放入锅内，大火煮开后，转小火煮 1 小时。❸ 把鲜百合和红枣放入锅内，继续煮 30 分钟即可。

牛奶红枣粥

• **原料：** 大米 80 克，牛奶 200 毫升，红枣 5 颗。

• **做法：** ❶ 红枣洗净备用。❷ 大米洗净，用清水浸泡 30 分钟。❸ 锅内加入清水，将大米、红枣放入后，大火煮沸，转小火熬 3 分钟，至大米绵软。❹ 加入牛奶，小火慢煲至牛奶烧开，粥浓稠即可。

生化汤

• **原料：** 当归、桃仁各 15 克，川芎 6 克，黑姜 10 克，甘草 3 克。

• **做法：** ❶ 将当归、桃仁、川芎、黑姜、甘草和水以 1:10 的比例共同煎煮。❷ 用小火煮 30 分钟，取汁去渣，温热服用。

新妈妈最好在生产完之后的两三天开始服用生化汤。

产后第 1 天，剖宫产妈妈会明显感觉到伤口的疼痛，剧烈的疼痛会影响食欲。由于产后腹内压突然减轻，腹肌松弛、肠蠕动缓慢，很可能会有便秘倾向。所以，当天的饮食应选择流质食物或汤水类，如稀粥、米粉、藕粉汤等。提倡少食多餐，每天可以吃 6~8 次。

在鱼腹中塞入姜丝，可降低鱼腥味，使鱼汤更鲜美。

当归鲫鱼汤

- **原料：**当归 10 克，鲫鱼 1 条，盐、彩椒丝各适量。

- **做法：** ❶ 将鲫鱼去鳞和内脏，洗净。❷ 在鱼身上涂抹少量盐，腌 10 分钟。❸ 当归洗净，放进热水中浸泡 30 分钟，然后取出切片。❹ 鲫鱼与当归一同放入锅内，加入泡过当归的水，炖煮至熟，出锅前加入彩椒丝即可。

- **营养功效：**当归可益气养血，对因手术而损伤元气的新妈妈很有益；鲫鱼补血、排恶露、通血脉的功效非常好。

多翻身，促排气

由于剖宫产手术对肠道的刺激，以及受麻醉药的影响，新妈妈在产后会有不同程度的胀气。如果此时在家人的帮助下多做翻身动作，就会使麻痹的肠肌蠕动功能尽快恢复，从而使肠道内的气体尽早排出，避免引起肠黏连。

* 照护建议：帮助新妈妈按摩腿部肌肉

　　剖宫产产后的新妈妈需要护理人员的帮助，以更好地哺喂宝宝；多进食一些流质食物如稀饭、热汤等；拔除导尿管后尽早小便；有时间试着坐一坐，活动活动下肢，护理人员可帮助新妈妈按摩腿部肌肉。

坐好月子
3 件事

多翻身

按摩腿部

用沙袋
压住伤口

还可在粥里加入青菜，
以增加维生素的摄入量。

西红柿面片汤

- **原料：** 西红柿 1 个，面片 50 克，木耳 15 克，高汤、盐、香油、香菜末各适量。

- **做法：** ❶ 西红柿用热水烫过去皮，切块；木耳泡发。❷ 油锅炒香西红柿，炒成泥状后加入木耳、高汤烧开，加入面片。❸ 煮 3 分钟后，加盐、香油、香菜末调味即可。

鲈鱼豆腐汤

- **原料：** 去骨鲈鱼 1 条，豆腐、香菇各 20 克，姜片、葱花、盐各适量。

- **做法：** ❶ 将去骨鲈鱼洗净，切块；豆腐切块；香菇浸泡，去蒂划出花刀。❷ 将姜片放入锅中，加清水烧开，加入豆腐、去骨鱼块、香菇，炖煮至熟，撒上葱花，加盐调味即可。

平菇小米粥

- **原料：** 大米、小米各 50 克，平菇 30 克，盐适量。

- **做法：** ❶ 平菇洗净，余烫后撕成条；大米、小米分别洗净。❷ 将大米、小米放入锅中，加适量清水大火烧沸，改小火熬煮。❸ 待米煮烂时放入平菇，下盐调味，稍煮即可。

第 2 天

产后第 1~4 天内排出的恶露量多，色鲜红，含血液、蜕膜组织及黏液，稍多于月经量，有时还带有血块，这叫血性恶露。第 2 天恶露增多是正常现象，新妈妈不要有太多的心理负担，从而影响正常的饮食和泌乳。此时多喝红糖水，吃些香油猪肝汤等补血益气的食物。坚持给宝宝增加喂奶次数，也可帮助子宫收缩，促进恶露排出。

肉末蒸蛋

- **原料：** 鸡蛋 2 个，猪肉 50 克，水淀粉、酱油、盐、葱末各适量。

- **做法：** ❶ 将鸡蛋打入碗内搅散，放入盐和适量清水搅匀，上笼蒸熟。❷ 选用三成肥、七成瘦的猪肉剁成末。❸ 锅放火上，放入油烧热，放入肉末，炒至松散出油时，加入酱油及水，用水淀粉勾芡后，浇在蒸好的鸡蛋上，撒上葱末即可。

阿胶核桃仁红枣羹

- **原料：** 阿胶、核桃各 50 克，红枣 10 颗。

- **做法：** ❶ 将核桃去皮留仁，捣烂备用；红枣洗净，去红枣核后备用。❷ 把阿胶砸成碎块，50 克阿胶加 20 毫升的水一同放入瓷碗中，隔水蒸化后备用。❸ 红枣、核桃仁放入另一只砂锅内，加清水用小火慢煮 20 分钟。❹ 将阿胶放入锅内，与红枣、核桃仁同煮 5 分钟即可。

此羹营养全面，吃完后就不必再吃其他油腻食物了。

红枣莲子糯米粥

- **原料：** 糯米 30 克，红枣 6 颗，莲子 10 克。

- **做法：** ❶ 将糯米洗净，并加水浸泡约 1 小时。❷ 红枣洗净、去核，莲子要用温水洗净，备用。❸ 将泡过的糯米连同清水一起放入锅内，再放入红枣和莲子，先以大火煮沸，再转小火煮成稍微黏稠的粥即可。

* 照护建议：注意腰部保暖

　　腰部是产后需要重点护理的部位，因为怀孕时腰部承受巨大压力，产后一定要特别护理。为了防止喂奶时腰部着凉，可以用旧衣物制作一个简单的护腰，最好以棉絮填充，并且在腰带部位缝几排纽扣，以便随时调节松紧。护腰不要系得太松也不要系得太紧，太松会显得臃肿、碍事，也不能起到很好的防护和保暖作用；太紧会影响腰部血液循环。

避免寒凉

**坐好月子
3 件事**

让宝宝
多吸吮　　按时排便

香油猪肝汤

- **原料：** 猪肝 100 克，香油、米酒、姜片各适量。

- **做法：** ❶ 猪肝洗净擦干，切成 1 厘米厚的薄片备用。❷ 锅内倒香油，油热后加入姜片，再将猪肝放入锅内大火快速煸炒，5 分钟后，将米酒倒入锅中。❸ 米酒煮开后，取出猪肝。❹ 米酒煮至完全没有酒味，再将猪肝放回锅中煮熟即可。

山药粥

- **原料：** 大米 30 克，山药 20 克，白糖适量。

- **做法：** ❶ 将大米洗净，用清水浸泡 30 分钟。❷ 山药洗净，削皮后切成块。❸ 锅内加入清水，将山药放入锅中，加入大米，同煮成粥。❹ 待大米绵软，再加白糖煮片刻即可。

水果黑米粥

- **原料：** 黑米 30 克，红枣 6 颗，葡萄干 10 粒，苹果半个。

- **做法：** ❶ 黑米淘好，浸泡半小时；苹果切块。❷ 泡米水和黑米倒入锅内，大火煮开后改小火。❸ 放入红枣、葡萄干和苹果块，10 分钟后关火即可。

喜欢吃甜食的妈妈可适量多放些白糖。

黑米可滋阴补肾，与水果一起吃可补充多种维生素。

剖宫产的妈妈应该加强腰肾功能的恢复，多补充羊肉、山药、栗子、枸杞子、豆类、蔬菜和各种坚果类食物。要多注意休息，不要长时间抱宝宝，减少久坐的时间。此时剖宫产妈妈依然要少进食。

剖宫产饮食

当归生姜羊肉煲

- **原料：** 羊肉 100 克，当归 5 克，姜片 3 片，葱段、盐、料酒各适量。

- **做法：** ❶ 羊肉洗净、切块，用热水烫过，去掉血沫，沥干备用。❷ 用清水把当归洗净，整个放进热水中浸泡 30 分钟，然后取出切片，当归切得越薄越好，浸泡的水不要倒掉，用泡过当归的水煲汤，营养才不会流失。❸ 将处理过的羊肉放入锅内，加入姜片、当归、料酒、葱段和泡过当归的水，小火煲 2 小时。❹ 出锅时加盐调味即可。

- **营养功效：** 羊肉具有滋阴补肾、温阳补血、活血祛寒的功效，对产后气血虚弱、营养不良、腰膝酸软、腹痛有一定作用。

新妈妈连肉带汤一起吃会更滋补。

多吃富含维生素 C 的食物

　　顺产妈妈伤口愈合比较快，只需三四天，而剖宫产妈妈则需 1 周左右。产后合理补充营养，会加速伤口的愈合，建议适当多吃富含优质蛋白和维生素 C 的食物，以促进组织修复。除了饮食，新妈妈也要注意伤口的清洁卫生，这也是保证伤口快速恢复的有效方法。

＊ 照护建议：防止下床眩晕

　　受麻药及产后不能及时进食的影响，剖宫产妈妈第一次下床时容易产生眩晕的症状。因此剖宫产妈妈第一次下床，应有家人或护理人员陪伴协助，下床前先在床边坐 5 分钟，确定没有不舒服再起身。下床排便前，要先吃点东西才能恢复体力，以免昏倒在厕所。上厕所的时间如果较久，站起来动作要慢，不要突然站起来。

坐好月子
3 件事

1 不要憋气

2 注意伤口的清洁消毒

3 每天更换衣服

枸杞红枣粥

- **原料：** 枸杞子 10 克，红枣 3 颗，大米 30 克，红糖适量。

- **做法：** ❶ 将枸杞子洗净，除去杂质。❷ 红枣洗净，去核；将大米淘洗干净。❸ 将枸杞子、红枣和大米放入锅中，加 600 毫升水，用大火烧沸。❹ 再用小火煮 30 分钟，加入红糖调匀即可。

鸡蛋西红柿蔬菜汤

- **原料：** 鸡蛋 1 个，西红柿块 40 克，菠菜段 30 克，葱花、盐、水淀粉各适量。

- **做法：** ❶ 将鸡蛋打入碗中，搅拌均匀。❷ 锅置火上，倒油烧热，将葱花爆香，放入西红柿块炒软，加水烧开，淋入鸡蛋液，放入菠菜段，加盐调味，最后用水淀粉勾芡即可。

白萝卜蛏子汤

- **原料：** 白萝卜 50 克，蛏子 100 克，葱段、姜片、蒜末、葱花、盐、料酒各适量。

- **做法：** ❶ 将蛏子洗净，放入清水中泡 2 小时；蛏子入沸水中略烫一下，捞出剥去外壳；白萝卜切成细丝。❷ 油锅烧热，放入葱段、蒜末、姜片炒香后，倒入清水、料酒。❸ 蛏子肉、萝卜丝放入锅内炖煮；汤熟后，放盐，撒上葱花即可。

第 3 天

新妈妈开始分泌乳汁了，此时哺乳妈妈不仅需要补充足量的蛋白质、碳水化合物、脂肪和水，还需要增加丰富的矿物质和维生素，以促进乳汁分泌和提高乳汁质量，满足宝宝身体发育的需要。

豆浆莴笋汤

- **原料：** 莴笋 100 克，豆浆 200 毫升，姜片、葱段、盐各适量。

- **做法：** ❶ 将莴笋茎洗净去皮，切成 4 厘米长的条；莴笋叶切成段。❷ 将锅置火上，倒入植物油，烧至六成热时放姜片、葱段稍煸炒出香味。❸ 放入莴笋条、盐，大火炒至断生。❹ 去姜片、葱段，将莴笋叶放入，并倒入豆浆，大火煮至熟透即可。

- **营养功效：** 豆浆营养丰富易于消化吸收，可以滋阴润燥，补虚增乳。

侧切伤口巧护理

　　产后的最初几天里，恶露量较多，应选用消过毒的卫生巾，并经常更换。产后每天至少用专用的清洁盆盛温开水冲洗阴部两三次，若伤口红肿，可每天用 1:5000 的高锰酸钾溶液冲洗两三次，每次大便后还要再次冲洗。

喜欢喝牛奶的新妈妈可以将豆浆换成牛奶。

顺产妈妈

* 照护建议：不要让新妈妈碰冷水

　　新妈妈全身的骨骼松弛，如果碰冷水，会使寒气侵袭骨缝，落下"月子病"。因此月子里千万不要碰冷水，即使在炎热的夏天，洗东西仍然要打开热水器用温水。另外，开冰箱这样的事情，也请家人代劳吧。

预防便秘

坐好月子
3 件事

侧切伤口
注意清洁

下床走走

珍珠三鲜汤

- **原料:** 鸡胸肉 100 克，胡萝卜 50 克，豌豆 25 克，西红柿 1 个，蛋清、盐、淀粉各适量。

- **做法:** ❶ 胡萝卜、西红柿均切成小丁；鸡胸肉剁成肉泥，加蛋清、淀粉拌匀。❷ 豌豆、胡萝卜丁、西红柿丁放入清水中炖煮，把鸡肉泥拨成珍珠大小，放入锅中；大火将汤再次煮沸，放入盐调味即可。

猪排炖黄豆芽汤

- **原料:** 猪排 150 克，黄豆芽 50 克，葱段、姜片、盐、料酒各适量。

- **做法:** ❶ 猪排洗净后，切成 4 厘米长的段，放入沸水中汆去血沫。❷ 将锅内放入热水，将猪排、料酒、葱段、姜片一同放入锅内，小火炖 1 小时。❸ 之后放入黄豆芽，用大火煮沸，再用小火炖 15 分钟，放入适量盐调味即可。

红薯粥

- **原料:** 红薯 50 克，大米 30 克。

- **做法:** ❶ 将红薯洗净，去皮后切成 2 厘米厚的块。❷ 大米洗净，用清水浸泡 30 分钟。❸ 将泡好的大米和红薯块放入锅内，大火煮沸后，转小火继续煮。❹ 煮至粥稠即可。

鸡肉的脂肪含量少，且容易消化，适合新妈妈食用。

将红薯和大米熬得软烂一些更有助于消化吸收。

剖宫产妈妈分泌乳汁的时间要比顺产妈妈来得晚一点，分泌的量也会稍微少一点，这是正常现象，剖宫产妈妈不要太紧张。此时，剖宫产妈妈可以多吃些鱼、蔬菜汤和饮品，不要着急吃油腻的骨汤，以免乳汁分泌不畅，汤水补得太丰富，乳房内会出现硬块。

香蕉草莓牛奶羹

- **原料：** 香蕉 1 根，牛奶 250 毫升，草莓 30 克。

- **做法：** ❶ 草莓去蒂洗净，切成块；香蕉剥去外皮，放入碗中碾成泥。❷ 将牛奶、香蕉泥放入锅内，用小火慢煮 5 分钟，并不停搅拌。❸ 出锅时加入草莓块即可。

黄花菜豆腐瘦肉汤

- **原料：** 猪瘦肉 100 克，黄花菜 10 克，豆腐 150 克，盐适量。

- **做法：** ❶ 将黄花菜用水浸软、洗净。❷ 猪瘦肉洗净，切小块；将豆腐切成大块，备用。❸ 将黄花菜和猪瘦肉一起放锅中，加入适量水，用大火煮沸。❹ 然后再改用小火煲 1 小时。❺ 放入豆腐，煲 10 分钟，加盐调味即可。

鲢鱼丝瓜汤

- **原料：** 鲢鱼 1 条，丝瓜 100 克，葱段、姜片、白糖、盐、料酒各适量。

- **做法：** ❶ 将鲢鱼去鳞，去鳃，去内脏，洗净。❷ 丝瓜去皮，洗净，切成 4 厘米长的条，备用。❸ 将鲢鱼放入锅中，再加料酒、白糖、姜片、葱段后，注入清水，大火煮沸。❹ 转小火慢炖 10 分钟后，加入丝瓜条，煮熟后，加盐调味即可。

＊ 照护建议：巧翻身防伤口疼痛

　　剖宫产伤口的愈合时间较长，因为伤口较大，还容易发生撕裂。由于伤口会疼痛、撕裂，所以新妈妈要特别注意翻身的技巧。翻身的时候，一手扶住伤口，另一手抓住床边扶栏，利用手部力量翻身，而不是肚子的力量。家人也可以扶着新妈妈的背部、腰部，帮她翻身。

坐好月子
3 件事

1 用束腹带
2 行动加慢
3 自行排尿

柚子猕猴桃汁

- **原料：** 柚子半个，猕猴桃 1 个。

- **做法：** ❶ 把猕猴桃去皮，切片；柚子去皮，切块。❷ 把猕猴桃、柚子分别放入榨汁机中榨汁，再一起倒入杯中，搅拌均匀即可饮用。

红豆饭

- **原料：** 红豆 30 克，大米 40 克，熟芝麻适量。

- **做法：** ❶ 将红豆洗净，浸泡一夜。❷ 锅中放入适量水，再放入红豆，煮至八成熟。❸ 把煮好的红豆和汤一起倒入淘洗干净的大米中，蒸熟，撒上熟芝麻即可。

桂花紫山药

- **原料：** 山药 50 克，紫甘蓝 40 克，糖桂花适量。

- **做法：** ❶ 将山药洗净，上蒸锅蒸熟；晾凉后去皮，再斜着切块。❷ 紫甘蓝洗净，切碎，加适量水用榨汁机榨成汁。❸ 将山药在紫甘蓝汁里浸泡 1 小时至均匀上色。❹ 最后摆盘，浇上糖桂花即可。

第4天

产后新妈妈有时会觉得"心有余而力不足"，失血、失眠、食欲不佳都在耗费着新妈妈的精力。此时要增加食物品种的多样性，变换食物的烹饪手法，多摄入一些高蛋白、高热量、低脂肪的食物。

冬笋雪菜黄鱼汤

- **原料:** 冬笋、雪菜各 20 克，黄花鱼 1 条，葱段、姜片、盐、料酒各适量。

- **做法:** ❶ 将黄花鱼去鳞，去内脏，切块，用料酒腌 20 分钟后备用。❷ 泡发好的冬笋，切片备用；雪菜洗净，切碎备用。❸ 油锅烧热，将黄花鱼两面各煎片刻。❹ 锅中加入清水，放入冬笋、雪菜、葱段、姜片，先用大火烧开，后改用中火煮 15 分钟，出锅前放入盐调味即可。

- **营养功效:** 黄花鱼有健脾开胃、益气填精的功效。

产后巧洗头

刚生完宝宝的头几天里，新妈妈体质很虚，特别容易受风，所以最好先别洗头、洗澡。如果非要洗头，可以将 75% 的酒精隔水温热一下，然后用棉球或棉签蘸着温温的酒精轻轻擦拭头发，不要大面积地擦，而是一小块一小块地擦。

黄花鱼可有效预防产后抑郁。

* 照护建议：让新妈妈保证足够的睡眠时间

　　乳汁分泌的多少与吸吮刺激有关，还与精神状态、睡眠质量、营养供给有直接关系。想要新妈妈的乳汁充足，保持精神愉快、保证睡眠充分很重要。因此，家人要为新妈妈提供良好的休息环境，确保新妈妈睡眠时间每天在 8 小时以上，让新妈妈轻松度过产后时光。

勤喝水

**坐好月子
3 件事**

避免寒凉　　需要静养

香蕉百合银耳汤

- **原料：** 银耳 20 克，鲜百合 50 克，香蕉 1 根，冰糖适量。

- **做法：** ❶ 银耳用清水浸泡 2 小时，择去老根，撕成小朵。❷ 鲜百合剥开，洗净去老根；香蕉去皮，切成 1 厘米厚的片。❸ 将银耳、鲜百合、香蕉片一同放入锅中，加清水，用中火煮 10 分钟。❹ 出锅时加入冰糖化开即可。

紫米粥

- **原料：** 紫米 30 克，牛奶 250 毫升，红枣 5 颗，枸杞子、核桃仁、白糖适量。

- **做法：** ❶ 紫米淘洗干净。❷ 红枣洗净去核。❸ 在锅内放入清水、紫米，用大火煮沸。❹ 之后用小火煮到粥将成时，加入枸杞子、核桃仁、红枣同煮。❺ 最后加入白糖、牛奶调味即成。

可以在粥中放几粒花生，补充体力又止血凝血。

香菇鸡汤面

- **原料：** 面条 50 克，鸡肉 100 克，鲜香菇、胡萝卜、葱花、盐各适量。

- **做法：** ❶ 鸡肉、胡萝卜、鲜香菇洗净，切片；锅中加入温水，放入鸡肉、胡萝卜、盐，煮熟盛出。❷ 面条放入鸡肉汤中煮熟；香菇入油锅略煎。❸ 将面条盛入碗中，把胡萝卜片、鸡肉片摆在面条上，淋上鸡汤，点缀香菇、葱花即可。

此时剖宫产妈妈关注的焦点开始转移到宝宝身上，虽然伤口还是隐隐作痛，但剖宫产妈妈还是可以忍着痛，给宝宝多喂几次奶。此时剖宫产妈妈可以适当吃些促进乳汁分泌的食物。尽量要少食多餐，粗细搭配，品种多样，以应季为主。

鱼头香菇豆腐汤

- **原料：** 胖头鱼鱼头 1 个，豆腐 100 克，鲜香菇 5 个，葱段、姜片、彩椒丝、香菜段、盐、料酒各适量。

- **做法：** ❶ 将胖头鱼鱼头处理好，洗净。❷ 香菇洗净，切十字花刀；豆腐切块；鱼头用沸水烫一下。❸ 将鱼头、香菇、葱段、姜片、料酒和清水放入锅内，开大火煮沸后撇去浮沫。❹ 加盖改用小火炖至鱼头快熟时，放入豆腐，用小火炖至豆腐熟透，出锅前放入适量盐调味，加彩椒丝、香菜段点缀。

- **营养功效：** 帮助改善记忆力。

剖宫产妈妈拆线前不能洗澡

剖宫产妈妈在伤口拆线前不能洗澡，淋浴也不可以。这主要是为了保持腹部伤口的干燥、清洁。不过，可用温水擦洗身体，或是请医生将腹部伤口做好防水保护后再进行淋浴。一般来说，剖宫产妈妈在产后 2 周后再洗澡比较好。

煲鱼头汤时，宜用小火慢炖，炖出的汤，汤色清亮。

* 照护建议：不要总把宝宝放在新妈妈身边

　　新妈妈多与宝宝接触虽然好处多多，但对于身体还未恢复的剖宫产妈妈来说，弊大于利。把宝宝放在身边，会影响新妈妈的休息，因为看到可爱的宝宝，新妈妈会爱不释手，总想抱着他。所以要把握好母子接触的时间，新妈妈该休息的时候，家人应把宝宝抱走。

热敷伤口

坐好月子
3 件事

1
2
3

活动手脚　　变换姿势睡觉

焯烫时水中加盐，可使苋菜变碧绿。

花生猪蹄汤

- **原料：**猪蹄 1 个，花生 50 克，葱段、姜片、盐、料酒各适量。

- **做法：❶** 花生洗净，备用。**❷** 猪蹄洗净，放入锅内，加料酒、清水煮沸，撇去浮沫。**❸** 再把花生、葱段、姜片放入锅内，转小火继续炖至猪蹄软烂。**❹** 拣去葱段、姜片，加入盐调味即可。

虾仁馄饨

- **原料：**虾仁 30 克，猪肉 50 克，胡萝卜 15 克，盐、香菜末、香油、葱、姜、馄饨皮各适量。

- **做法：❶** 虾仁、猪肉、胡萝卜、葱、姜放在一起剁碎，加入油、盐拌匀；再切适量葱末备用。**❷** 把馅料包入馄饨皮中。**❸** 将包好的馄饨放在沸水中煮熟，盛入碗中，加盐、香菜末、葱末、香油调味。

豆腐苋菜粥

- **原料：**大米 50 克，嫩豆腐 100 克，苋菜 50 克，排骨汤 1 碗，盐适量。

- **做法：❶** 将大米淘洗干净，浸泡 30 分钟；嫩豆腐切小块。**❷** 苋菜洗净，锅中加水烧开，放少许盐，放苋菜焯烫，捞出切末备用。**❸** 将豆腐块与苋菜末放入锅中与排骨汤一起煮，开锅后加盐调味，煮熟即可。

第 5 天

雌激素对人的情绪有很大影响，刚生产后的新妈妈身体内雌激素会突然降低，很容易发生抑郁性的心理异常表现，如情绪容易波动、不安、低落。出现这种抑郁情绪，不但影响新妈妈身体的恢复和精神状态，还会影响正常哺乳。此时，应该多吃些鱼肉和海产品炖的汤，这些食物含有一种特殊的脂肪酸，有抗抑郁作用。

胡萝卜小米粥

- **原料：** 胡萝卜 50 克，小米 30 克。
- **做法：** ❶ 胡萝卜洗净，切成 1 厘米见方的块，备用。❷ 小米洗净，备用。❸ 将胡萝卜块和小米一同放入锅内，加清水大火煮沸。❹ 转小火煮至胡萝卜绵软，小米开花即可。

肉片炒蘑菇

- **原料：** 猪肉、蘑菇各 100 克，红椒 1 个，葱段、姜片、盐、高汤各适量。
- **做法：** ❶ 将猪肉、蘑菇、红椒切成大小厚度差不多的薄片。❷ 锅中倒油，油烧至七成热，放葱段和姜片炝锅，把肉片用小火煸炒。❸ 放入蘑菇、红椒，改大火翻炒。❹ 加盐和高汤，再加一点油翻炒一下即可。

桂圆芡实粥

- **原料：** 桂圆、芡实各 15 克，糯米 30 克，酸枣 10 克，蜂蜜适量。
- **做法：** ❶ 将糯米、芡实洗净，放入锅中；在锅中加入桂圆和适量清水，用大火煮沸。❷ 改用小火煮 25 分钟，再加入酸枣煮熟，食用前调入蜂蜜即可。

* 照护建议：适当给予情绪发泄的机会

　　大部分新妈妈或多或少都会出现产后沮丧的现象，不过一般症状都很轻，只是一种轻度的情绪疾患，是最常见的产后心理调适问题。家人和护理人员要使新妈妈认识到，产后抑郁不会给自己或宝宝带来严重的不良后果，要帮助新妈妈减轻心理压力，也要适当给予新妈妈情绪发泄的机会。

出汗后要洗澡

坐好月子
3 件事

衣服宽松　　每天泡脚

蛤蜊豆腐汤

- **原料：** 蛤蜊 200 克，豆腐 100 克，姜片、香油、盐各适量。

- **做法：** ❶ 在清水中滴入适量香油，将蛤蜊放入，让蛤蜊彻底吐净泥沙，冲洗干净，备用。❷ 豆腐切成块。❸ 锅中放水、盐和姜片煮沸，把蛤蜊和豆腐块一同放入。❹ 转中火煮至蛤蜊张开壳，豆腐熟透后即可。

干贝冬瓜汤

- **原料：** 冬瓜 100 克，干贝 50 克，姜片、盐、料酒各适量。

- **做法：** ❶ 冬瓜去皮、瓤，洗净，切片。❷ 干贝洗净，浸泡 30 分钟，去掉老肉。❸ 干贝放入瓷碗内，加入料酒、水、姜片，隔水用大火蒸 30 分钟。❹ 冬瓜片、蒸好的干贝放入锅内，加水煮 15 分钟。❺ 出锅前加盐调味即可。

三鲜冬笋汤

- **原料：** 冬瓜、冬笋、西红柿各 50 克，鲜香菇 2 朵，油菜 3 棵，盐适量。

- **做法：** ❶ 冬瓜去皮、瓤，洗净，切片；鲜香菇洗净，切丝；冬笋、西红柿洗净，切片；油菜洗净切段。❷ 所有食材一同放入锅中，加适量水，大火煮沸后，转小火煮至冬笋熟透，加盐调味即可。

鲜鲜的蛤蜊，嫩嫩的豆腐，补钙又美味。

冬笋炖成汤，营养都在汤里，所以要多喝汤。

术后的疼痛、恼人的伤口、哭泣的宝宝都在考验着剖宫产妈妈的耐心。要引起注意的是产后抑郁对宝宝的生长和发育也有影响。剖宫产妈妈的伤口在一天天愈合，这期间要避免发生感染，多吃富含维生素 C 和维生素 E 的食物，以加快伤口的愈合。

木瓜牛奶露

- **原料:** 木瓜 100 克，牛奶 250 毫升，冰糖适量。

- **做法:** ❶ 木瓜洗净，去皮去子，切成细丝。❷ 木瓜丝放入锅内，加适量的水，水没过木瓜即可，大火熬煮至木瓜熟烂。❸ 放入牛奶和冰糖，与木瓜一起调匀，再煮至汤微沸即可。

喝点木瓜牛奶露有助睡眠。

银鱼苋菜汤

- **原料:** 银鱼、苋菜各 100 克，蒜末、姜末、盐各适量。

- **做法:** ❶ 银鱼洗净、沥干水分，苋菜洗净，切成段。❷ 油锅烧热，将蒜末和姜末爆香后，放入银鱼快速翻炒半分钟，再加入苋菜，炒至微软。❸ 锅内加入清水，大火煮 5 分钟，出锅前放入盐调味即可。

虾皮豆腐

- **原料:** 豆腐 150 克，虾皮 20 克，酱油、盐、白糖、葱花、姜末、水淀粉各适量。

- **做法:** ❶ 将豆腐切成小丁，焯一下；将虾皮洗净，剁成细末。❷ 锅内放入葱花、姜末和虾皮爆香。❸ 倒入豆腐丁，加入酱油、白糖、盐、适量水，烧沸，最后用水淀粉勾芡，出锅盛盘即可。

* 照护建议：帮助查看伤口

　　产后第 5 天，剖宫产妈妈的伤口需要第 2 次换敷料，要注意检查有无渗血及红肿。如果剖宫产妈妈为肥胖、糖尿病、贫血患者或患有其他病症，可能会影响伤口愈合，要特别注意。发现伤口红肿，可用 95% 的酒精纱布湿敷，每日 1 次。

定期查看伤口 1

**坐好月子
3 件事**

2 注意休息　　稳定情绪 3

鸡蓉玉米羹

- **原料：** 鸡胸肉 100 克，玉米粒 50 克，鸡蛋 1 个，盐适量。

- **做法：** ❶ 玉米粒洗净，放入搅拌机搅打成蓉；鸡胸肉洗净，切成丁；鸡蛋打散，备用。❷ 把玉米蓉、鸡肉丁放入锅内，加清水大火煮开，转中火再煮 30 分钟。❸ 将蛋液沿着锅边倒入，一边倒入一边进行搅动，最后放盐进行调味即可。

鱼头海带豆腐汤

- **原料：** 胖头鱼鱼头 1 个，海带、豆腐各 100 克，葱段、姜片、彩椒丝、盐、料酒各适量。

- **做法：** ❶ 鱼头去鳃，切开洗净；豆腐切块；海带切长段。❷ 鱼头、葱段、姜片、料酒放入锅内，加适量清水，开大火煮沸。❸ 改小火炖至鱼头快熟时，放入豆腐块和海带段，炖至熟透，放盐调味，加彩椒丝点缀。

香菇油菜

- **原料：** 香菇 6 朵，油菜 250 克，盐适量。

- **做法：** ❶ 油菜洗净，切段，梗、叶分开放置。❷ 香菇用温开水泡开，洗净后去蒂。❸ 油锅烧热，放入香菇和油菜梗，炒至六成熟时加盐，放入油菜叶同炒。❹ 放入温开水烧至香菇、油菜梗软烂即可。

第6天

产后，新妈妈每天神经都绷得紧紧的，夜里还惦记着要给宝宝喂奶，使得新妈妈消耗很多精力。此时要增加食物品种的多样化，争取多摄入一些高蛋白、高热量、低脂肪、有利于吸收的食物。

冰糖五彩玉米羹

- **原料：** 玉米粒 100 克，鸡蛋 2 个，豌豆 30 克，菠萝 20 克，枸杞子 15 克，冰糖、淀粉各适量。

- **做法：** ❶ 将玉米粒蒸熟；菠萝洗净，切丁；豌豆洗净。❷ 锅中加入适量水，放入菠萝丁、豌豆、枸杞子、冰糖，同煮 5 分钟，放入蒸熟的玉米粒，用水淀粉勾芡，使汁变浓。❸ 将鸡蛋打散，撒入锅内成蛋花，烧开后即可食用。

- **营养功效：** 这道汤羹营养丰富，而且玉米中含有丰富的膳食纤维，可以防治便秘。

睡太软的床，小心落下腰痛毛病

　　坐月子睡什么样的床也要注意。专家建议，为了保护新妈妈的腰骨，避免腰痛，最好不要睡太软的床，尤其是剖宫产的新妈妈。还应选用棉质或麻质等轻柔透气的床品。每一两周换洗、暴晒 1 次。

红、黄、绿、白四种颜色的搭配，既保障了营养，又提高了食欲。

* 照护建议：温度、湿度，一个也不能忽视

　　新妈妈的房间温度最好保持在 20~25℃。冬季应特别注意居室内的空气不能过于干燥，可在室内使用加湿器或放盆水，以提高空气湿度。室内空气的相对湿度应保持在 55%~65%。温度、湿度适宜，妈妈和宝宝才能睡得香甜。

坐好月子
3 件事

1 温水刷牙
2 注意腰部保暖
3 预防乳腺炎

当归红枣牛筋花生汤

- **原料：** 牛蹄筋 100 克，花生 30 克，红枣 5 颗，当归 5 克，盐适量。

- **做法：** ❶ 牛蹄筋去掉肉皮，浸泡后洗净，切成细条；花生、红枣洗净，备用。❷ 将当归洗净，放进热水中浸泡 30 分钟，取出切薄片。❸ 砂锅加清水，放入所有食材，炖至牛筋烂熟，加盐调味即可。

荔枝红枣粥

- **原料：** 荔枝 30 克，红枣 5 颗，大米 100 克。

- **做法：** ❶ 将大米淘洗干净，用清水浸泡 30 分钟。❷ 荔枝去壳取肉，用清水洗净，备用；红枣洗净、去核。❸ 将大米与荔枝肉、红枣同放锅内，加清水，用大火煮沸。❹ 转小火煮至米烂粥稠。

西芹炒百合

- **原料：** 鲜百合 100 克，西芹 200 克，高汤、淀粉、葱段、姜片、盐各适量。

- **做法：** ❶ 鲜百合洗净，掰成小瓣；西芹洗净，切段，用开水余烫。❷ 将油锅烧热，放入葱段、姜片炝锅，再放入西芹段、百合。❸ 翻炒至熟，调入盐、淀粉和少许高汤，勾薄芡即可。

荔枝软糯甘甜，但一次不可吃太多。

剖宫产妈妈的睡眠也很容易出现问题，生产后特别爱出虚汗，每次半夜醒来，都会大汗淋漓，皮肤表面凉凉的，而身体内却是热热的。这是因为剖宫产妈妈失血过多、血虚肝郁。此时新妈妈可以多吃一些补血益肝的食物，如黑芝麻、木耳等。

剖宫产饮食

益母草木耳汤

- **原料：** 益母草、枸杞子各10克，木耳20克，冰糖适量。

- **做法：** ❶ 益母草洗净后用纱布包好，扎紧口，备用。❷ 木耳用清水泡发后，去蒂洗净，撕成碎片，备用。❸ 枸杞子，洗净，备用。❹ 锅置火上，放入清水、益母草药包、木耳、枸杞子，用中火煎煮30分钟。❺ 出锅前取出益母草药包，放入冰糖调味即可。

- **营养功效：** 有生新血祛淤血的作用；还可排除体内毒素。

产后恶露不尽的新妈妈可常食用。

不宜在伤口愈合前多吃鱼

剖宫产妈妈虽然需要补充丰富的营养来恢复身体，但是不宜在伤口愈合前多吃鱼。因为鱼肉中含有名为EPA的有机酸物质，有抑制血小板凝集的作用，阻碍术后止血和伤口的愈合。

＊ 照护建议：帮助妈妈消除紧张情绪

　　剖宫产妈妈产后的失眠，有些是因为失血过多引起的，这种情况注意补铁补血就可以了。但有些剖宫产妈妈，是因为心情紧张、压力大引起的失眠。家人要和剖宫产妈妈多交流，解开她的心结，还可帮助剖宫产妈妈进行一些简单的头部按摩。

坐好月子
3 件事

1 拆线前擦浴
2 拆线后再出院
3 定时查看恶露

西蓝花鹌鹑蛋汤

- **原料：** 香菇 2 朵，西蓝花 150 克，小西红柿 5 个，鹌鹑蛋 4 个，高汤、盐各适量。

- **做法：** ❶ 西蓝花洗净，切小朵；鹌鹑蛋煮熟，剥皮待用；香菇洗净，划出花刀；小西红柿洗净。❷ 锅中加适量高汤烧开，放入所有食材，同煮至熟，加盐调味即可。

鲜滑鱼片粥

- **原料：** 大米 30 克，猪骨 50 克，腐竹 15 克，草鱼净肉 100 克，淀粉、盐、姜丝各适量。

- **做法：** ❶ 将猪骨、大米、腐竹放入砂锅，加水用大火烧开，然后用小火慢熬，放入盐调味，拣出猪骨。❷ 将草鱼净肉切成片，用盐、淀粉、姜丝拌匀，倒入滚开的粥内稍煮即可。

黑芝麻米糊

- **原料：** 大米 20 克，莲子 10 克，黑芝麻 15 克。

- **做法：** ❶ 将大米洗净，浸泡 3 小时；莲子、黑芝麻均洗净。❷ 将大米、莲子、黑芝麻放入豆浆机中，加水至上下水位线之间，按"米糊"键，加工好后倒出即可。

第7天

产后第7天的新妈妈精神状况大有好转，恶露的颜色也没有前几天那样鲜红了，伤口恢复得也不错，没有那么多烦心的事情来分心，胃口都跟着好起来了。宝宝的胃口也很好，一醒来就张着小嘴巴到处找妈妈，喂饱这个小可爱是新妈妈非常艰巨的任务。此时，新妈妈要摒弃产前的一些不良饮食习惯，一切以宝宝为主。

莲子猪肚汤

- **原料：** 猪肚150克，莲子30克，淀粉、姜片、盐、料酒各适量。

- **做法：** ❶ 莲子洗净去心，用清水浸泡30分钟；猪肚用淀粉和盐反复揉搓，用水冲洗干净。❷ 猪肚放在沸水中煮一会儿，切成段。❸ 猪肚、莲子、姜片、料酒一同放入锅内，加清水煮沸，撇去浮沫。❹ 转小火继续炖2小时，出锅时加盐调味即可。

蒜香空心菜

- **原料：** 空心菜200克，蒜、白糖、盐、香油各适量。

- **做法：** ❶ 将空心菜洗净，切成段；蒜洗净，切成末。❷ 水烧开，放入空心菜，烫熟后捞出沥干；将蒜末、白糖、盐和少量水调匀后，浇入热香油，拌成调味汁，将调味汁和空心菜拌匀即可。

红枣栗子粥

- **原料：** 栗子8个，红枣6颗，大米100克。

- **做法：** ❶ 栗子煮熟后去皮，备用。❷ 红枣洗净去核，备用。❸ 大米洗净，用清水浸泡30分钟。❹ 将大米、煮熟后的栗子、红枣放入锅中，加清水煮沸。❺ 转小火煮至大米熟透即可。

* 照护建议：房间要开窗通风

　　很多新妈妈怕受风，整天门窗紧闭，这对新妈妈和宝宝的健康很不利。新妈妈的居室应坚持每天开窗通风两三次，每次 20~30 分钟，这样才能减少空气中病原微生物的密度，防止感冒病毒感染。通风时应先将新妈妈和宝宝暂移到其他房间，避免受对流风直吹而着凉。

坐好月子
3 件事

1 勤换衣服
2 穿软底拖鞋
3 不要站立时间过长

糖醋莲藕

- **原料：** 莲藕 1 节，花椒、葱末、白糖、醋、料酒、香油、盐各适量。

- **做法：** ❶ 莲藕去节，去皮，切成薄片，用水冲洗干净。❷ 油锅烧热，放入花椒，炸香后捞出。❸ 放入葱末略煸，倒入藕片翻炒。❹ 放入料酒、盐、白糖、醋，继续翻炒。❺ 藕片熟透后，淋入香油即可。

芒果西米露

- **原料：** 芒果 1 个，牛奶 200 毫升，西米、蜂蜜各适量。

- **做法：** ❶ 锅中加水煮沸，放入西米，中大火煮 10 分钟后，关火焖 15 分钟，取出冲凉。❷ 锅中换水煮沸，放入冲凉的西米，中大火煮 5 分钟后，关火再焖 15 分钟。❸ 芒果洗净，切丁，放入碗中，再放入蜂蜜、西米、牛奶，搅拌均匀即可。

西红柿炖豆腐

- **原料：** 西红柿 2 个，豆腐 1 块，葱花、盐各适量。

- **做法：** ❶ 西红柿洗净，切块；豆腐冲洗干净，切长条。❷ 油锅烧热，放入西红柿块，煸炒至呈汤汁状。❸ 放入豆腐块，加适量水，大火烧开后转小火。❹ 小火炖 10 分钟后，大火收汤，加盐调味，撒上葱花即可。

腹部伤口使用无损伤线缝合的剖宫产妈妈今天终于可以拆线了，但是，完全恢复还需要4~6周。出院前要牢记医生、护士的嘱咐，需要了解如何避孕、如何运动以及如何均衡营养等知识，还要记住什么时间复诊。

剖宫产饮食

芋头排骨汤

- **原料：** 排骨150克，芋头100克，葱段、姜片、盐、料酒各适量。

- **做法：** ❶ 芋头去皮洗净，切成2厘米厚的块，上锅隔水蒸15分钟。❷ 排骨洗净，切成4厘米长的段，放入热水中烫去血沫后，捞出备用。❸ 先将排骨、姜片、葱段、料酒放入锅中，加清水，用大火煮沸，转中火焖煮15分钟。❹ 拣出姜片、葱段，小火慢煮45分钟再加入芋头块同煮至熟加盐调味即可。

- **营养功效：** 提供大量优质钙。

可将芋头换成莲藕、玉米或海带。

出院时穿保暖又方便的衣服

出院的衣物应提前准备好，待医生通知出院时，可避免手忙脚乱。要根据季节的不同，准备合适的衣物，衣服尽量遮盖住身体各部位，不要将手臂、双腿裸露在外。上衣要准备系扣的，因为回家途中可能要哺乳，系扣衣服比较方便。

＊照护建议：密切注意伤口的愈合情况

剖宫产后第 7 天，伤口敷料已去除，伤口应无红肿，如果剖宫产妈妈感觉刀口很痒，伤口周围皮肤红红的，这种情况有可能是瘢痕体质或者手术缝合线过敏造成的，应该请医生检查伤口的愈合情况。

坐好月子
3 件事
1 勿劳累
2 穿大号内裤
3 勿用手揭瘢痕

三丁豆腐羹

- **原料**：豆腐 100 克，鸡胸肉 50 克，西红柿 1 个，豌豆、盐、香油各适量。

- **做法**：❶ 将豆腐切成块，在沸水中煮 1 分钟。❷ 鸡胸肉洗净，西红柿洗净去皮，都切成小丁。❸ 将所有食材放入锅中，大火煮沸后，转小火煮 20 分钟。❹ 出锅时加入盐，淋上香油即可。

三丝黄花羹

- **原料**：黄花菜 20 克，鲜香菇 5 个，冬笋、胡萝卜各 25 克，盐、白糖各适量。

- **做法**：❶ 将黄花菜浸入温水中泡软，洗净，沥干；鲜香菇、冬笋、胡萝卜均洗净，切丝。❷ 油烧至七成热，放入所有食材快速煸炒。❸ 加入适量清水、盐、白糖，用小火煮至黄花菜入味，完全熟透。

腐竹玉米猪肝粥

- **原料**：腐竹、玉米粒各 20 克，猪肝 5 克，大米 30 克，盐适量。

- **做法**：❶ 腐竹泡发，洗净，切段；大米洗净。❷ 猪肝洗净，稍烫一下后冲洗干净，切薄片，用少许盐腌制。❸ 将腐竹、大米、玉米粒放入锅中，大火煮沸后，转小火慢炖 1 小时。❹ 放入猪肝，大火煮 10 分钟，出锅前放盐调味。

第四章
产后第 2 周

新妈妈的身体变化

乳房	作为宝宝的"粮袋",做好乳房的保健是非常重要的。首先要做的是保持乳房的清洁,每次喂奶之前,都要把乳房擦洗干净
胃肠	产后第 2 周,胃肠已经慢慢适应产后的状况了,但是对于非常油腻的汤水和食物多少还有些消化不良,不妨荤素搭配来吃,慢慢把胃养强壮
子宫	第 2 周时子宫颈内口会慢慢关闭
伤口及疼痛	侧切后的伤口在这一周内还会隐隐作痛,下床走动时、移动身体时都有撕裂的感觉,但是力度没有第 1 周时强烈,还是可以承受的
恶露	这一周的恶露明显减少,颜色也由暗红色变成了浅红色,有点血腥味,但不臭,新妈妈要留心观察恶露的质和量、颜色及气味的变化,以便掌握子宫恢复情况
排泄	便秘的困扰少了许多,比较生产前的状况还没有什么规律可循,最好重新建立排泄规律,养成定时排便的习惯

第2周

Q&A
产后咳嗽或大笑时，会有尿液排出，这是怎么回事呢？生完孩子都这样吗？感觉好尴尬呀！

尿失禁是一种非常令人尴尬的症状，不少女性由于爱面子而拖延了病情。其实，如果对产后漏尿有足够的认识和科学的态度，新妈妈是完全可以将漏尿症状拒之门外的。为了保持产后身体健康，远离漏尿困扰，新妈妈要注意这些：

生产后要注意休息，不要过早负重，避免劳累。

注意产后运动，加快会阴肌肉复原。用正确姿势提重物，避免腹部用力不当而导致膀胱与尿道正常位置的改变。

饮食调养方案

选择优质蛋白

产后的第 2 周回到家中，看护宝宝的工作量增加，体力消耗较前一周大，伤口开始愈合，饮食上应注意大量补充优质蛋白质，但仍需以鱼类、虾、蛋、豆制品为主，可比上一周增加些排骨、瘦肉类。本周食谱应多注意口味方面的调节，防止厌食，晚餐的粥类可多做些咸鲜口味，如皮蛋瘦肉粥。

补充钙质

因为 0~6 个月的宝宝骨骼形成所需要的钙完全来源于妈妈，产后新妈妈消耗的钙量要远远大于普通人，为了满足宝宝发育需要，产后新妈妈应及时补钙。可多吃些乳酪、海米、芝麻或芝麻酱、西蓝花及紫甘蓝等，在家里也要争取多晒太阳。此时，虽说每天的小便量也很多，但是总觉得身上还是肿肿的，消水利肿也成为产后新妈妈初期保健的一个重要任务，应多补充些利于消肿的食物，同时还应注意食物的属性。

催乳应循序渐进

新妈妈产后的食疗，也应根据生理变化特点循序渐进，不宜操之过急。尤其是刚刚生产后，胃肠功能尚未恢复，乳腺才开始分泌乳汁，乳腺管还不够通畅，不宜食用大量油腻催乳食物。在烹调中少用煎炸，多吃些易消化的、带汤的炖菜，食物要以清淡为宜，遵循"产前宜清，产后宜温"的传统，少食寒凉食物，避免进食影响乳汁分泌的炒麦芽、韭菜等。

产后第 2 周一日食谱推荐

早餐	1 碗椰味红薯粥 + 半份西葫芦饼	新妈妈早上胃口不好，可以选择吃甜甜的红薯粥，既利于肠胃蠕动，又可以提高食欲。红薯粥搭配蔬菜饼，让新妈妈的肠道更通畅，气色更好
加餐	1 杯酸奶 +1 片粗粮面包	酸奶有助消化、促食欲的作用，而且酸奶中的某些乳酸菌能合成维生素 C，有利于新妈妈伤口的愈合。酸奶搭配粗粮面包，可以增强新妈妈的免疫力，并有护肤、护发的作用
午餐	1 碗牛肉卤面 + 半份丝瓜金针菇 / 半份清炒白菜	如果午餐以面条为主，那么最好搭配一份或半份蔬菜，以绿叶蔬菜或富含膳食纤维的蔬菜为主。面条不要过凉水，最好吃汤面，吃面喝汤，会使身体很快暖和起来，也利于排汗
加餐	1 个苹果 /1 个猕猴桃 + 几个栗子	酸酸甜甜的水果，既能为新妈妈补充能量，又可以补充维生素，所以坐月子不能少了水果。水果偏凉，新妈妈吃时用温水泡一下即可，一次不要吃太多的水果，胃寒的新妈妈每次吃半个或 1/4 个水果就好
晚餐	1 个鸡蛋菠菜煎饼 +1 份丝瓜汤 /1 份南瓜粥	晚餐应干稀搭配，这样才不至于一次吃太多干食。软软的鸡蛋蔬菜饼好消化，搭配丝瓜汤，可以让胃暖起来，更利于身体对营养的吸收
加餐	1 碗银耳山药米糊 + 半根香蕉	银耳山药米糊补气养血，晚上临睡前喝 1 碗，可以达到很好的调养效果。感觉体力不佳的新妈妈，可以吃半根香蕉。新妈妈一定要注意，吃过食物后要刷牙后再睡觉

粗粮面包：粗细结合更利于新妈妈对营养的全面吸收，但一次不要吃太多。 ▶

清炒白菜：白菜有通利肠胃、养胃生津的作用，经常吃白菜能使新妈妈皮肤更好。 ▶

南瓜粥：南瓜是一种美容食物，产后常用南瓜熬粥，可以起到淡斑的作用。 ▶
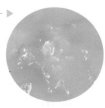

◀栗子：加餐时与水果一起食用，或者做成栗子水果泥，可以为新妈妈迅速补充能量。

◀猕猴桃：猕猴桃具有稳定情绪、镇静心情的作用，可预防产后抑郁。

◀香蕉：每天吃 1 根，也可以隔天吃 1 根，也可用苹果、葡萄等水果代替。

第 2 周坐月子炖补食材

宜 多吃补铁、补钙食物

宝宝吃得越来越多了，此时新妈妈体内的铁、钙量会大大流失，为了保证新妈妈身体的健康，这一周重在补铁、补钙。补铁的同时，要注意维生素 C 的摄取，以促进铁吸收；补钙的同时，注意多晒晒太阳。

宜吃关键词 ▶ 红细胞素较高

鸭血中含有丰富的蛋白质及多种人体不能合成的氨基酸，所含的红细胞素含量也较高，还含有铁、钙等矿物质和维生素，这些都是人体造血过程中不可缺少的物质。

宜吃关键词 ▶ 含有大量铁质

牛肉热量低，利于产后控制体重。铁质对于产后新妈妈是不可缺少的营养素，而牛肉中含有大量铁质，极易为人体吸收，是最适合产后食用的健康食物。

宜吃关键词 ▶ 富含钙质

牛奶中含有大量的蛋白质，每 250 克牛奶中含有 250 毫克以上的钙，并且还含有丰富的钾和镁，对钙的吸收还有促进作用。牛奶不会让人体液偏酸，也不会促进钙的流失，所以牛奶是产后补钙的最佳食物。

鸭血 ▸ 花生 ▸ 牛肉 ▸ 芥菜 ▸ 牛奶 ▸ 芝麻酱

宜吃关键词 ▶ 补血止血

中医认为花生具有调和脾胃、补血止血、降压调脂的作用，其中"补血止血"主要是花生红衣的作用。花生红衣含花生素及儿茶素等成分，能有效抑制纤维蛋白的溶解，增加血小板的含量，提高血小板的质量，改善凝血因子的缺陷，加强毛细血管的收缩功能，促进骨髓造血机能。

宜吃关键词 ▶ 蔬菜中的补钙佳品

每 100 克芥菜的钙含量为 294 毫克，是蔬菜中的补钙佳品。另外，芥菜中还含有丰富的维生素 A、B 族维生素、维生素 C 和维生素 D，新妈妈常吃芥菜可补充全面的营养。芥菜还有提神醒脑、解除疲劳的作用。

宜吃关键词 ▶ 使骨骼、牙齿更坚固

芝麻酱富含蛋白质、氨基酸及多种维生素和矿物质，有很高的保健价值。芝麻酱中含钙量比蔬菜和豆类都高得多，经常食用对骨骼、牙齿的发育都大有益处。

忌

辛辣刺激性食物

辛辣温燥食物可助内热，从而使新妈妈虚火上升，有可能出现口舌生疮、大便秘结或痔疮等症状，也可能通过乳汁使新生儿内热加重。刺激性食物容易引起新妈妈胃肠道的不适，而且还会导致剖宫产或侧切伤口发炎，刺激性食物还会通过乳汁影响到新生儿的健康。所以为了自身和宝宝的健康，一定要清淡饮食。

忌吃关键词 ➤ 诱发胃肠疾病

辣椒中含有辣椒素，食用后会剧烈刺激胃肠黏膜，使其高度充血、蠕动加快、引起胃痛、腹痛、腹泻，并使肛门烧灼刺痛，诱发胃肠疾病，促使痔疮出血。产后新妈妈阴虚火旺，更应该忌吃辣椒。

忌吃关键词 ➤ 耗伤正气

大料属于香料的一种，有较强的脂溶性，容易进入新妈妈大脑，害处至今尚不清楚，但是可能影响智力或记忆力。从中医角度讲，芳香之气过度会耗伤正气。

忌吃关键词 ➤ 影响铁的吸收

茶叶中含有鞣酸，它可与食物中的铁相结合，影响对铁的吸收，从而引起贫血。茶叶中还含有咖啡因，能使人精神兴奋，不易入睡，影响休息。咖啡因还可通过乳汁进入新生儿体内，使宝宝精神过于兴奋，不能很好睡觉，容易出现肠痉挛和忽然无故啼哭的现象。

辣椒　➤　花椒　➤　大料　➤　芥末　➤　浓茶　➤　酒

忌吃关键词 ➤ 加重炎症

花椒属于发物，如果有炎症、上火等情况的新妈妈，吃了花椒会加重症状。产后新妈妈运动少，容易出现便秘症状，便秘导致肠道干燥，吃了花椒更不易于大便的排出。所以为了产后身体的快速恢复，新妈妈应不吃或少吃花椒。

忌吃关键词 ➤ 多食易上火

芥末有很强的刺激性，吃多了容易上火。芥末还容易引起胃炎或消化道溃疡，所以新妈妈一定要忌吃。芥末还能"催人泪下"，眼睛有炎症的新妈妈不宜食用。

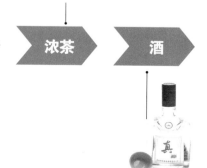

忌吃关键词 ➤ 影响宝宝生长发育

新生儿处于生长发育阶段，各脏器功能还不是很完善，新妈妈此时饮酒对宝宝机体的损害尤为严重。酒精通过新妈妈的乳汁被宝宝吸收后，会造成宝宝注意力、记忆力下降，严重影响宝宝的智力发育。

第8天

产后第 8 天的新妈妈在情绪上和身体上都会有明显好转，体力也在慢慢恢复。催乳是当前最重要的事情，由于宝宝在 0~6 个月内每天需要约 300 毫克的钙，所以妈妈补钙也很重要。

顺产妈妈

羊肉汤

- **原料：** 羊肉 100 克，胡萝卜 50 克，姜片、盐、葱花、醋各适量。

- **做法：** ❶ 将羊肉洗净，切块，胡萝卜洗净，切花刀片。❷ 将胡萝卜片、羊肉块、放入锅内放入适量清水大火烧开。❸ 加入姜片改用小火炖 1 小时左右，等到肉熟烂，加入盐、醋和葱花调味即可。

- **营养功效：** 羊肉能暖中补血，开胃健力，对于新妈妈恢复体力有很好的效果。

不可长时间待在空调房里

　　由于空调房密闭，空调使房间湿度低、空气质量下降，适合细菌、病毒繁殖，容易使新妈妈感到头昏、疲倦、心烦气躁，因此，新妈妈不能长时间待在空调房里。最好的方法就是经常开窗换气，以确保室内外空气的对流交换。

将羊肉汤稍稍炖得久一些，膻味就没了，只有浓浓的鲜香。

＊ 照护建议：如果可以，尽量让自己的妈妈来伺候月子

　　如果新爸爸工作比较忙，又没有请月嫂的打算，那么最好让新妈妈的母亲前来照顾，避免婆婆伺候月子产生婆媳矛盾，诱发产后抑郁症。由自己的母亲来伺候月子，新妈妈的坏情绪不会压抑、积累，而自己的母亲也了解女儿，不会计较。

不要睡凉席

坐好月子
3 件事

睡觉勿吹风　头发要干净清爽

海带豆腐汤

- **原料：** 豆腐 100 克，海带 50 克，盐适量。

- **做法：** ❶ 将豆腐洗净，切成块。❷ 海带洗净，切成长 3 厘米，宽 1 厘米的条。❸ 锅中加清水，放入海带并用大火煮沸，煮沸后改用中火将海带煮软。❹ 放入豆腐块，用盐调味，把豆腐煮熟即可。

糖醋白菜

- **原料：** 白菜 200 克，胡萝卜半根，淀粉、白糖、醋、酱油各适量。

- **做法：** ❶ 白菜、胡萝卜洗净，斜刀切片。❷ 将淀粉、白糖、醋、酱油搅拌均匀，当作糖醋汁，备用。❸ 油锅烧热，放入白菜片煸炒，然后放入胡萝卜片，炒至熟烂。❹ 倒入糖醋汁，翻炒几下即可。

西葫芦饼

- **原料：** 西葫芦 250 克，面粉 150 克，鸡蛋 2 个，盐适量。

- **做法：** ❶ 鸡蛋打散，加盐调味；西葫芦洗净，切丝。❷ 将西葫芦丝、面粉放入蛋液中，搅拌均匀。如果面糊稀了就加适量面粉，如果稠了就加蛋液。❸ 油锅烧热，倒入面糊，煎至两面金黄即可。

产后第 8 天，剖宫产后的伤口开始慢慢长肉，新妈妈有时会感觉非常痒，此时切记不可抓挠。为使剖宫产伤口恢复得更为良好，此时可适当吃一些富含维生素 C、维生素 E 的食物。剖宫产妈妈伤口愈合期间不要吃烤、煎、炸和带有刺激性的食物。

剖宫产须知

荷兰豆烧鲫鱼

- **原料：** 荷兰豆 30 克，鲫鱼 1 条，料酒、白糖、姜片、葱段、盐各适量。

- **做法：** ❶ 将鲫鱼洗净，去内脏和鱼鳞。❷ 荷兰豆择去两端及筋，切成块，备用。❸ 锅中放油烧热后，爆香姜片和葱段。❹ 鲫鱼放入锅中煎至呈金黄色。❺ 加入料酒、白糖、荷兰豆和适量的水，将鲫鱼烧熟，最后用盐调味即可。

- **营养功效：** 健脾、利湿、开胃。

荷兰豆质嫩清香，鲫鱼含有优质蛋白质，补充营养又提高食欲。

大鱼大肉要不得

很多新妈妈认为，坐月子就应该大吃特吃，把流失的营养全都补回来。产后新妈妈确实需要补充营养，但是这并不意味着坐月子就要大鱼大肉，如果盲目进补，不仅会造成肥胖，引起便秘，还容易使奶水中脂肪含量猛增，导致宝宝脂肪性腹泻。

* 照护建议：新爸爸全力伺候好月子

　　新妈妈在哺乳期内的休息、情绪、营养等都很重要。新爸爸在月子里应避免应酬，积极主动地给宝宝洗澡、换尿布，并承担其他家务。新爸爸可为新妈妈揉揉腰背，轻轻按摩乳房，适时鼓励和赞美，或者帮宝宝换洗尿布，这些事都会让新妈妈从心里感到温暖。

坐好月子
3 件事

1 伤口勿感染

2 腹部忌用力

3 排便要通畅

排骨面

- **原料：** 排骨 50 克，面条、葱段、姜片、白糖、盐各适量。

- **做法：** ❶ 排骨洗净，剁成长段。❷ 油锅烧热，放入葱段、姜片炒香。❸ 放入排骨段，加盐煸炒至变色，加水，大火煮沸。❹ 另起锅，加水煮沸，放入面条，煮熟后倒入排骨和汤汁即可。

鸡肉扒油菜

- **原料：** 鸡肉 150 克，油菜 200 克，牛奶、淀粉、料酒、葱末、盐各适量。

- **做法：** ❶ 将油菜洗净，切成长段。❷ 鸡肉洗净，切成小块，放入开水中余烫，捞出。❸ 油锅烧热，放入葱末炒香，然后放鸡肉块、油菜段翻炒。❹ 放入牛奶、料酒、葱末、盐，大火烧开，用淀粉勾芡即可。

银耳羹

- **原料：** 银耳 50 克，樱桃、草莓、核桃仁、冰糖、淀粉各适量。

- **做法：** ❶ 将银耳泡发，洗净，切碎；樱桃、草莓洗净，去蒂对半切。❷ 银耳加水，大火烧开，转小火煮 30 分钟，放入冰糖、淀粉，稍煮片刻。❸ 放入樱桃、草莓、核桃仁，煮开后晾凉即可。

第9天

新妈妈的身体仍然处于恢复阶段，尤其是子宫的恢复和浆性恶露的预防，要引起绝对的注意。此时，要多吃一些高蛋白质和补虚的食物。新妈妈也要时刻关注乳房的健康，经常拿手按一按乳房，检查是不是有肿块，以预防乳腺炎的发生。当出现发烧症状时，一定要去医院查明原因，不要盲目使用退烧药。

木瓜煲牛肉

- **原料:** 木瓜 20 克，牛肉 100 克，盐适量。

- **做法:** ❶ 木瓜剖开，去皮去子，切成长条。❷ 牛肉洗净，切块，再放入沸水中除去血水，捞出。❸ 将木瓜、牛肉加水用大火烧沸，再用小火炖至牛肉烂熟后，加盐调味即可。

水果可以根据自己的喜好放，木瓜、雪梨都可以。

豌豆小米粥

- **原料:** 豌豆 30 克，小米 50 克，红糖适量。

- **做法:** ❶ 将豌豆、小米用清水洗净，备用。❷ 锅中放入清水，放入小米，烧沸。❸ 改用小火，煮沸 20 分钟，放入豌豆。❹ 熬至豌豆、小米熟烂浓稠，加入红糖调味即可。

椰味红薯粥

- **原料:** 椰汁 245 毫升，红薯 100 克，花生、大米各 50 克，白糖适量。

- **做法:** ❶ 大米淘洗干净；红薯洗净，去皮，切块。❷ 花生泡透，加适量水煮烂，然后放入红薯块，一同煮烂。❸ 将椰汁一同倒入红薯粥里，加白糖搅拌均匀即可。

* 照护建议：不可让新妈妈睡电热毯

　　冬季坐月子，家人最好不要用电热毯来给新妈妈取暖，一是不安全，若使用不当就会存在安全隐患；二是过长时间的烘烤会带走新妈妈体内的水分，造成新妈妈口干、口渴；三是电热毯电路形成的磁场可能会影响新妈妈体内正常的电解质，造成体内电解质紊乱。

坐好月子
3 件事

1 勿长时间用眼

2 不宜久坐

3 每天保证 8 小时睡眠

清蒸茄丝

- **原料：** 茄子 200 克，猪肉 50 克，酱油、白糖、姜丝、葱花、盐各适量。

- **做法：** ❶ 猪肉洗净，切丝，放入开水中氽烫一下。❷ 茄子洗净，切成细丝，放入水中浸泡 10 分钟，捞出，挤干水分。❸ 将茄丝、肉丝、酱油、白糖、姜丝、盐一同放入锅中，拌匀，隔水蒸 12 分钟，然后倒入少许油，小火蒸 3 分钟取出，撒上葱花即可。

黄豆猪蹄汤

- **原料：** 黄豆 100 克，猪蹄 1 只，葱段、姜片、盐、料酒各适量。

- **做法：** ❶ 黄豆洗净，用水浸泡 1 小时。❷ 猪蹄用沸水氽后拔净毛，刮去浮皮。❸ 将适量水倒入砂锅中，放入猪蹄、黄豆、葱段、姜片、料酒。❹ 大火煮沸后撇去浮沫，然后转小火炖至猪蹄熟烂，加盐调味即可。

明虾炖豆腐

- **原料：** 虾、豆腐各 100 克，葱花、姜片、盐各适量。

- **做法：** ❶ 将虾线挑出，去掉虾头，洗净；豆腐切成块。❷ 锅内放水置火上烧沸，将虾和豆腐块放入烫一下，盛出备用。❸ 锅中放入虾、豆腐块和姜片，煮沸后撇去浮沫，转小火炖至虾肉熟透，放入盐调味，撒上葱花即可。

产后第 9 天，剖宫产妈妈身体还比较虚弱，卧床时间也比较长，容易出现便秘的症状。如果出现便秘，剖宫产妈妈除了需要适当运动外，还要多吃一些蔬菜、水果。富含膳食纤维的蔬菜有芹菜、白菜、油菜等，水果可选择吃柚子、苹果、香蕉等，饮用榨制的蔬果汁也不错。

香油芹菜

- **原料：** 芹菜 100 克，当归 2 片，枸杞子、盐、香油各适量。

- **做法：** ❶ 当归加水熬煮 5 分钟，滤渣取汁备用。❷ 芹菜择洗干净，切段，在沸水中焯过；枸杞子用凉开水浸洗 10 分钟。❸ 芹菜用盐和当归水腌片刻，再放入少量香油，腌制入味后，取出盛盘，撒上枸杞子即可。

豆腐馅饼

- **原料：** 面粉 100 克，豆腐 80 克，白菜 50 克，姜末、葱末、盐各适量。

- **做法：** ❶ 豆腐抓碎；白菜切碎，挤出水分；豆腐、白菜加入姜末、葱末、盐调成馅。❷ 面粉加水调成面团，分成 10 等份，每份擀成汤碗大的面皮；馅分成 5 份，两张面皮中间放一份馅；用汤碗一扣，去掉边沿，捏紧。❸ 平底锅烧热下适量油，将馅饼煎成两面金黄即可。

抓炒腰花

- **原料：** 猪腰 100 克，青椒 50 克，醋、水淀粉、盐、葱末、姜末、香油、猪油各适量。

- **做法：** ❶ 将猪腰剖开，去掉腰心，洗净切片，用水淀粉上浆；青椒洗净切片。❷ 将油锅烧热，将腰片逐片下锅，小火炒 2 分钟，出锅控油。❸ 用醋、盐、葱末、姜末、水淀粉调成碗汁。❹ 油锅烧热，倒入腰花、青椒片、碗汁炒熟，淋入香油即可。

* 照护建议：不要让新妈妈提重物

回到家后，剖宫产妈妈仍然需要一段时间来适应术后不适。这个时候，新妈妈不要提举任何比自己的宝宝更重的东西，随着宝宝一天天地长高、增重，妈妈的负重能力才会逐渐增强。如果产后初期就屏气用力的话，会影响伤口的愈合，不利于子宫的复位。

坐好月子
3 件事

1 避免腹胀
2 有气就排
3 勿食寒凉食物

奶油白菜

- **原料：** 白菜 100 克，牛奶 120 毫升，盐、高汤、水淀粉各适量。

- **做法：** ❶ 白菜切小段，将牛奶倒入水淀粉中搅匀。❷ 油锅烧热，倒入白菜，再加些高汤，烧至七八成熟。❸ 放入盐，倒入调好的牛奶汁，再烧开即可。

清爽的口感能提升新妈妈的食欲。

南瓜油菜粥

- **原料：** 大米 50 克，南瓜 40 克，油菜 20 克，盐适量。

- **做法：** ❶ 南瓜去皮，去瓤，洗净，切成小丁；油菜洗净，切丝；大米淘洗干净。❷ 锅中放大米、南瓜丁，加适量水煮熟，最后加油菜丝、盐，调味即可。

作为加餐或晚餐食用都很好。

鸭肉冬瓜汤

- **原料：** 鸭子 1 只，冬瓜 100 克，姜片、盐各适量。

- **做法：** ❶ 鸭子去内脏，洗净；冬瓜洗净，去子，切成小块。❷ 鸭子放入冷水锅中，大火煮约 10 分钟，捞出，冲去血沫，放入汤煲内，大火煮开。❸ 放入姜片，转小火煲90 分钟。关火前 15 分钟倒入冬瓜块，加盐调味即可。

第 10 天

会阴侧切的顺产妈妈，起身、坐着哺乳时，仍然会感到会阴部隐隐作痛，而且因为担心伤口撕裂，顺产妈妈大便时不敢下蹲。此时除了注意会阴部的清洁卫生外，还要多摄入水分，多喝一些清淡的蔬菜汤。

顺产药膳

香菇山药鸡

- **原料：** 山药 150 克，鸡腿 250 克，香菇 6 朵，料酒、酱油、白糖、葱花、盐各适量。

- **做法：** ❶ 山药洗净，去皮，切厚片；香菇泡软，去蒂，切十字花刀。❷ 鸡腿洗净，剁成块，氽烫，去血水后冲净。❸ 鸡腿块、香菇放入锅内，放入料酒、酱油、白糖、盐和适量水同煮。❹ 开锅后转小火，10 分钟后放入山药片，煮至汤汁稍干，撒上葱花即可。

- **营养功效：** 山药能促进新妈妈的脾胃消化吸收。

"眼冒金星"不可忽视

　　有些新妈妈眼前会出现"冒金星"的现象，或是感到眼前有小黑点移动、视力模糊，这时不要掉以轻心，应及时去医院做个全面检查。因为这种现象往往是高血压的表现，新妈妈一旦患上高血压，需及时治疗，以免造成更大的疾病隐患。

清洗山药的时候要戴上手套，以免皮肤过敏。

* 照护建议：用醋熏防感冒

　　新妈妈和宝宝的免疫力较低，若家中有人患了感冒，应立即采取隔离措施，房间里还应及时用食醋熏蒸法进行空气消毒，以每立方米 5~10 毫升食醋的比例，加水将食醋稀释两三倍，关紧门窗，加热醋水，使食醋在空气中逐渐蒸发掉即可。

不宜睡软床

坐好月子
3 件事

睡觉忌盖过厚　　适量运动

鸭血豆腐汤

* **原料：** 鸭血 50 克，豆腐 100 克，香菜、高汤、水淀粉、醋、盐各适量。

* **做法：** ❶ 鸭血、豆腐在淡盐水中泡一下，切条，放入煮开的高汤中炖熟。❷ 加醋、盐调味，搅拌均匀。❸ 香菜洗净，切末。❹ 用水淀粉勾薄芡，撒上香菜末即可。

红豆酒酿蛋

* **原料：** 红豆 50 克，糯米酒酿 200 毫升，鸡蛋 1 个，红糖适量。

* **做法：** ❶ 将红豆洗净，用清水浸泡 1 小时。❷ 浸泡好的红豆和清水一同放入锅内，用小火将红豆煮烂。❸ 糯米酒酿倒入煮烂的红豆汤内，烧开。❹ 打入鸡蛋，待鸡蛋凝固熟透后，加入适量红糖即可。

牛肉卤面

* **原料：** 面条 100 克，牛肉 50 克，胡萝卜、红椒、竹笋各 20 克，酱油、水淀粉、盐、香油各适量。

* **做法：** ❶ 将牛肉、胡萝卜、红椒、竹笋洗净，切丁。❷ 面条煮熟，过水后盛入碗中。❸ 油锅烧热，放牛肉煸炒，再放胡萝卜、红椒、竹笋翻炒，加入酱油、盐、水淀粉炒熟，浇在面条上，淋入香油即可。

剖宫产妈妈要注意调节自己的情绪，不要着急，不要过分担忧，身体的恢复不是一朝一夕的事情，虽然这个过程中可能会忍受许多疼痛和痛苦，只要慢慢调养，一定会好起来的。此时，要多吃一些有助于排出淤血、增强免疫力的食物。

丝瓜金针菇

• **原料**: 丝瓜、金针菇各 100 克，水淀粉、盐各适量。

• **做法**: ❶ 丝瓜洗净，去皮，切段，加少许盐腌一下。❷ 金针菇洗净，放入开水中焯一下，迅速捞出并沥干水分。❸ 油锅烧热，放入丝瓜段快速翻炒几下。❹ 放入金针菇同炒，加盐调味。❺ 出锅前加水淀粉勾芡，翻炒均匀即可。

空心菜排骨汤

• **原料**: 排骨 200 克,空心菜 100 克,虾米 50 克, 香油、盐各适量。

• **做法**: ❶ 排骨洗净，斩成块。❷ 空心菜去根，洗净，切段；虾米用水浸泡。❸ 煲内加适量水，放入排骨块、虾米。❹ 大火煮沸后，转中火煮 1 小时。❺ 放入空心菜段、香油、盐，煮 5 分钟即可。

海带焖饭

• **原料**: 大米 100 克，海带 30 克，彩椒丝、盐适量。

• **做法**: ❶ 将大米淘洗干净；海带泡发，洗净泥沙，切块。❷ 锅中放入大米和适量水，用大火烧沸后放入海带块，不断翻搅，烧煮 10 分钟左右，待米粒涨开，水快干时，加盐调味。❸ 最后盖上锅盖，用小火焖 10~15 分钟，盛出，彩椒丝点缀即可。

* 照护建议：远离新装修的房子

　　有些家庭觉得新装修的房子干净，适合新妈妈和宝宝居住。其实，住在新装修的房间内，水泥、石灰、涂料等建筑材料含有很多有害物质，可通过呼吸道和皮肤的吸收，侵入血液循环，影响免疫功能，导致疾病的发生。因此，新妈妈和新生儿要远离新装修的房子。

预防感冒咳嗽

坐好月子
3 件事

定时开窗通风　　心情舒畅

莴笋肉粥

- **原料**：莴笋 20 克，猪肉 50 克，大米 30 克，盐、酱油、香油各适量。

- **做法**：❶ 将莴笋去皮洗净，切丝；猪肉洗净切末，加酱油和少许盐腌 10~15 分钟。❷ 将大米淘洗干净后加清水放入锅中煮沸。❸ 加莴笋丝和猪肉末，用小火煮至熟透，加盐、香油调味即可。

乌鸡白凤汤

- **原料**：乌鸡 1 只，白凤尾菇 50 克，料酒、葱段、姜片、盐各适量。

- **做法**：❶ 将乌鸡除去毛和内脏，洗净。❷ 将姜片放入锅中，加入清水煮沸，放入乌鸡，加入料酒、葱段、姜片，用小火焖煮至酥软。❸ 放入白凤尾菇，煮沸几分钟后，加入盐调味即可。

猪肝粥

- **原料**：猪肝 20 克，大米、菠菜各 30 克。

- **做法**：❶ 猪肝洗净，切片；大米淘洗干净。❷ 菠菜洗净，切段，用开水余烫。❸ 将大米、菠菜段放入锅中，小火煮至七成熟。❹ 放入猪肝片，煮至熟透即可。

第 11 天

此时恶露中的血液量减少，如果新妈妈此时的恶露量还比较多，应吃些补血、补气的食物，如黄花菜、羊肉、猪肉等。新妈妈要注意休息，每天最少保证八九个小时的睡眠。

黄花菜粥

- **原料：** 干黄花菜 10 克，糯米 30 克，盐、香油各适量。

- **做法：** ❶ 将干黄花菜洗净，用温水泡开后切段；糯米淘洗干净，备用。❷ 将糯米放入锅中，加清水烧开，转小火熬煮，待米粒煮开花时放入黄花菜煮熟。❸ 最后放入盐调味，淋上香油即可。

- **营养功效：** 黄花菜粥可以改善产后妈妈肝血亏虚所致的健忘失眠、头目眩晕、小便不利、水肿、乳汁分泌不足等。

新鲜黄花菜在食用前一定要先高温焯水，且每次食用不超过 50 克为宜。

顺产妈咪

产后洗脸用温水

　　做个美丽的新妈妈就从每天洗脸开始。产后新妈妈洗脸最好用温水，尤其是油性或干性皮肤的人。因为对油性皮肤者来说，温水能使皮肤的毛孔开放，促进代谢物排出，利于皮肤清洁；干性皮肤的人用温水可使其避免冷或热对皮肤的刺激。

＊照护建议：高龄新妈妈如何坐好月子

　　由于高龄新妈妈体质偏差，阴道自净能力和免疫力较低，容易导致各种妇科疾病的产生，给高龄新妈妈带来了很大的烦恼。所以高龄新妈妈更要注意保持会阴的清洁，或者用专门的按摩手法来恢复阴道的弹性，以加强高龄新妈妈子宫的恢复能力。

坐好月子
3 件事
1 避免空调病
2 注意室内温度
3 居室要清洁

冬瓜羊肉汤

- 原料：冬瓜、羊肉各 100 克，葱花、香油、盐、葱段、姜片各适量。

- 做法：❶ 羊肉切成块，在沸水中汆烫透。❷ 冬瓜去皮、去瓤后洗净切块。❸ 在锅中加清水，烧开后放入羊肉、葱段、姜片，炖至八成熟时，放入冬瓜，炖至烂熟时，加盐调味，撒上葱花，淋上香油即可。

黄花菜鲫鱼汤

- 原料：鲫鱼 1 条，干黄花菜 15 克，盐、姜片各适量。

- 做法：❶ 鲫鱼洗净，去掉鱼肚子里面的黑膜，用姜片和盐稍微腌制片刻。❷ 干黄花菜用温水泡开，用凉水冲洗。❸ 将鲫鱼放入油锅中煎至两面发黄，倒入适量开水，放入姜片、黄花菜，用大火稍煮。❹ 放入盐，用小火炖至黄花菜熟透即可。

什锦果汁饭

- 原料：大米 50 克，牛奶 250 毫升，苹果丁、蜜枣丁、葡萄干、青梅丁、碎核桃仁各 15 克，白糖、水淀粉各适量。

- 做法：❶ 大米洗净，加入牛奶、水焖成饭，加白糖拌匀。❷ 苹果丁、蜜枣丁、葡萄干、青梅丁、碎核桃仁放入锅内，加清水和白糖烧沸，加水淀粉勾芡，浇在米饭上。

有些剖宫产妈妈的伤口开始结痂了，注意不要过早地揭，过早揭掉结痂会把尚停留在修复阶段的表皮细胞带走，甚至撕脱真皮组织，刺激切口出现刺痒。还要避免阳光照射，防止紫外线刺激形成色素沉着。此时除了注意饮食少刺激外，还要少吃一些容易过敏的食物。

剖宫产答疑

雪菜肉丝面

- **原料：** 面条 100 克，猪肉丝 60 克，雪菜 30 克，盐、葱花、姜末各适量。

- **做法：** ❶ 雪菜洗净，切碎末；猪肉丝洗净，加盐拌匀。❷ 锅中倒油烧热，下葱花、姜末、猪肉丝煸炒，再放入雪菜末翻炒至熟，放盐调味。❸ 面条煮熟，挑入碗内，把炒好的雪菜肉丝均匀地覆盖在面条上即成。

- **营养功效：** 这道面食营养丰富，味道浓郁，具有很强的温补作用，能令新妈妈体力充沛。

吃腻了雪菜肉丝面，可以用白菜豆腐做卤，清淡又美味。

剖宫产妈妈何时来月经

剖宫产妈妈产后 2 个月来月经，或产后快 1 年才来月经，都属正常。

由于剖宫产手术对新妈妈的子宫有一定创伤，所以剖宫产妈妈产后前几次的生理周期都不是很规律。如果新妈妈产后生理周期长期都很紊乱，必须咨询妇科医生。

* 照护建议：别拿宝宝性别说事儿

　　有的老人比较在乎宝宝的性别，会因为已经出生的宝宝性别而对新妈妈有不满情绪，这时新爸爸要注意，及时劝解老人，别让老人的情绪影响到新妈妈，而且新爸爸一定要站在新妈妈和宝宝这边，此时新爸爸的理解和关爱对新妈妈来说胜过一切。

坐好月子
3 件事

1 不要憋尿

2 预防产后尿潴留

3 防止尿路感染

茭白炒肉丝

- **原料：** 茭白 300 克，肉丝 100 克，葱花、高汤、水淀粉、盐各适量。

- **做法：** ❶ 将茭白削皮，切成片。❷ 高汤、水淀粉调成芡汁。❸ 炒锅放在火上，放入油烧至五成热，放入茭白片、肉丝炒一下，然后加盐，烹入芡汁，收汁沥油，炒熟，撒上葱花即可。

黑芝麻花生粥

- **原料：** 大米 50 克，花生 30 克，黑芝麻 10 克，蜂蜜适量。

- **做法：** ❶ 大米洗净，用清水浸泡30 分钟，备用；黑芝麻炒香。❷ 将大米、黑芝麻、花生一同放入锅内，加清水用大火煮沸后，转小火再煮至大米熟透。❸ 出锅时加入蜂蜜调味即可。

豌豆炒虾仁

- **原料：** 虾仁 100 克，豌豆 50 克，鸡汤、盐、水淀粉、香油各适量。

- **做法：** ❶ 豌豆洗净，用淡盐水焯一下，备用。❷ 炒锅中放油，三成热时，将虾仁入锅，快速划散后盛出，控油。❸ 炒锅内留适量底油，烧热，放入豌豆，翻炒，再放入鸡汤、盐、虾仁翻炒，最后用水淀粉勾薄芡，淋上香油即可。

第 12 天

随着看护宝宝的工作量日益加大，体力消耗也比之前增加。饮食上应注意多补充优质蛋白质，但仍需以鱼类、虾、蛋、豆制品为主。哺乳妈妈可适当食用含碘丰富的食物，如海带、海藻等。

顺产妈妈

鸡汤面疙瘩

- **原料：** 面粉 100 克，鸡汤 3 杯，蛋清 2 个，葱花、盐、料酒各适量。

- **做法：** ❶面粉加蛋清和适量清水调成面糊，备用。❷锅中加清水，烧沸后用不锈钢漏勺的圆眼将面糊过滤，淋在沸水中，煮5 分钟，捞出装在碗里。❸将适量油倒入锅中，放入葱花爆香，放入料酒，再放入鸡汤、盐烧沸后，倒入面碗中即可。

- **营养功效：** 提供优质蛋白质和能量。

改变排便陋习

　　有些新妈妈可能忙于做一件事情，当有便意时，经常忽视或强忍便意，粪便没有按时排出，在肠道内滞留过久，会变得干燥而导致便秘，而且久而久之会使直肠感受粪便的功能下降，引起直肠性便秘。

丰富的碳水化合物可以通过妈妈为宝宝提供充足的能量。

✳ 照护建议：调好卧室灯光

　　舒适的灯光可以调节新妈妈的情绪而有利于睡眠。家人要为新妈妈营造一个温馨、舒适的月子环境，在睡前将卧室中其他的灯都关掉，只保留台灯或壁灯，灯光最好采用暖色调，其中暖黄色效果会比较好，这样宝宝和妈妈才能很快入睡。

勤换卫生巾

坐好月子
3 件事

便后清洗会阴　做盆底肌肉练习

豌豆炖鱼头

- **原料：** 豌豆、蘑菇各 30 克，胖头鱼鱼头 1 个，料酒、姜汁、盐、葱末各适量。

- **做法：** ❶ 鱼头洗净；豌豆、蘑菇分别洗净。❷ 油锅烧热后放入葱末、鱼头翻炒，然后放入料酒、清水、姜汁、盐。❸ 烧沸后放入豌豆、蘑菇，小火煮熟即可。

牛肉粉丝汤

- **原料：** 牛肉 100 克，粉丝 50 克，盐、料酒、淀粉、香菜叶、香油各适量。

- **做法：** ❶ 将粉丝放入水中，泡发。❷ 牛肉切薄片，加淀粉、料酒、盐拌匀。❸ 锅中加适量清水，烧沸，放入牛肉片，略煮。❹ 放入水发好的粉丝，中火煮 5 分钟。❺ 放入盐调味后，盛入碗中，淋上香油，放香菜叶点缀即可。

六合菜

- **原料：** 黄豆芽、韭菜、粉丝、熏豆干、猪肉各 50 克，鸡蛋 2 个，葱段、姜片、酱油、盐各适量。

- **做法：** ❶ 韭菜洗净，切成小段；粉丝泡发；熏豆干、猪肉切丝；鸡蛋炒熟。❷ 油锅烧热，放葱段、姜片、肉丝，炒至七成熟。❸ 放熏豆干丝、韭菜段、粉丝、黄豆芽、鸡蛋同炒至熟，加酱油、盐调味即可。

此时剖宫产妈妈可以适当进补，进补的主要目的是帮助新妈妈将恶露排干净。另外，鳝鱼、牡蛎、肉类等食物也有补血、补气的作用，使生产时消耗及损伤的大量气血得以快速补充。但大补的食物不能天天吃，否则会使新妈妈虚不受补，反而不利于身体的恢复与健康。

里脊肉炒芦笋

- **原料：** 猪里脊肉 150 克，芦笋 3 根，蒜末、木耳、水淀粉、盐各适量。

- **做法：** ❶ 芦笋洗净切段。❷ 木耳泡发，洗净，撕成小朵。❸ 猪里脊肉洗净，切成丝状。❹ 油锅烧热，放入蒜末炒香，然后放入猪里脊肉丝、芦笋段、木耳翻炒均匀。❺ 加盐炒熟，用水淀粉勾芡即可。

奶香玉米饼

- **原料：** 鸡蛋 2 个，面粉、玉米粒各 100 克，奶油 40 克，盐适量。

- **做法：** ❶ 将鸡蛋打入碗中，备用。❷ 从冰箱中取出奶油，备用。❸ 将所有材料倒入大碗中，加适量水，搅拌成糊状。❹ 油锅烧热，倒入面糊，小火摊成饼状即可。

红烧鳝鱼

- **原料：** 鳝鱼 250 克，葱花、蒜蓉、酱油、盐各适量。

- **做法：** ❶ 鳝鱼去内脏，洗净，切成 3 厘米长的段。❷ 油锅烧热，放入蒜蓉炒香，倒入鳝鱼段。❸ 翻炒 3 分钟后，再焖炒 3 分钟。❹ 加盐、酱油、1 大碗水，焖 20~30 分钟。❺ 汁水快干时盛出，撒入葱花。

* 照护建议：按摩腹部化解产后疼痛

　　不管是自然生产还是剖宫产，新妈妈产后都有子宫收缩的疼痛，为了让子宫收缩成正常大小，即使疼痛也要经常按摩腹部。因为这样有利于促进子宫收缩和恶露的排出。新爸爸可以帮助新妈妈沿同一方向按摩腹部，注意力度一定要轻柔。

食物助力伤口愈合

坐好月子 3 件事

重视心理恢复　小心抑郁倾向者

冰糖五彩粥

- **原料：** 大米 50 克，玉米粒 100 克，鸡蛋 2 个，豌豆 30 克，枸杞子 15 克，冰糖适量。

- **做法：** ❶ 大米、豌豆洗净；玉米粒蒸熟。❷ 大米加水熬成粥，放入蒸熟的玉米粒、豌豆、枸杞子、冰糖，同煮 5 分钟。❸ 将鸡蛋打散，撒入锅中成蛋花，烧开即可。

三文鱼豆腐汤

- **原料：** 三文鱼肉 150 克，豆腐 250 克，油菜、姜片、枸杞子、料酒、盐各适量。

- **做法：** ❶ 锅中烧水，放入料酒、盐，煮沸。❷ 三文鱼肉洗净，切块，放入锅中余烫。❸ 豆腐冲洗干净，切块。❹ 将三文鱼块、豆腐块、姜片、料酒、枸杞子加水同煮，炖 30 分钟。❺ 放入洗净的油菜稍煮，加盐调味即可。

牡蛎米粥

- **原料：** 牡蛎、猪肉各 20 克，大米 50 克，姜丝、酱油、盐各适量。

- **做法：** ❶ 将大米淘洗干净，加适量水煮粥。❷ 将猪肉洗净，切丝。❸ 将牡蛎放在盐水中泡 20 分钟，去壳洗净，和猪肉丝一起倒入大米粥中。❹ 放入酱油、姜丝、盐，搅拌均匀，用小火煮熟即可。

如果喜欢吃蔬菜，还可以放一些蘑菇。

第13天

这段时间，新妈妈的情绪和身体都会有明显的好转，熟悉的环境、温暖的氛围都会给新妈妈带来良好的感觉。随着宝宝食量的增加，新妈妈会觉得奶水分泌不是很理想，催乳是当前最重要的事情。

顺产妈妈

西红柿鸡蛋羹

- **原料：** 鸡蛋 2 个，西红柿 1 个，葱花、盐、酱油、香油各适量。

- **做法：** ❶ 西红柿用沸水烫一下，去皮，切成丁。❷ 将鸡蛋打散，加盐搅拌，再加入适量温水和西红柿丁拌匀。❸ 放入锅中，用中火隔水蒸熟，取出，淋上香油，撒上葱花即可。

- **营养功效：** 西红柿中含有蛋白质、脂肪、碳水化合物、钙、磷、铁及维生素 A、维生素 C。

正确使用空调、电风扇

天气炎热的时候，新妈妈可以使用空调、电风扇。室内温度应保持在 26~28℃，以新妈妈感觉舒适为宜。必要的时候可以开空调，或者使用电风扇，但一定要避免直接吹。新妈妈需穿长裤、长袖，并且穿袜子来挡风。

可以将温水换成牛奶，口感更加嫩滑。

＊ 照护建议：及时抢救中暑的新妈妈

　　夏季坐月子的新妈妈如捂得太严、居室不通风，可能导致中暑。一旦发现新妈妈中暑，首先要迅速改善环境，如通风，降低室温。然后用冰水或自来水擦拭全身，并在额头、腋窝、腹股沟等血管浅表处放置冰袋。如果病情改善不明显，则需送医院抢救。

勿湿发睡觉

**坐好月子
3 件事**

1

2 忌盆浴

3 忌过早穿塑形内衣

红豆花生乳鸽汤

- **原料：** 红豆、花生、桂圆肉各 30 克，乳鸽 1 只，盐适量。

- **做法：** ❶ 红豆、花生、桂圆肉洗净，浸泡。❷ 乳鸽洗净，斩块，在沸水中烫一下，去除血水。❸ 在砂锅中放入适量清水，烧沸后放入乳鸽肉、红豆、花生、桂圆肉，用大火煮沸后，改用小火煲，等熟透后加盐调味即可。

银耳山药米糊

- **原料：** 山药 150 克，银耳 10 克，小米 50 克，葡萄干 5 克。

- **做法：** ❶ 山药洗净切片；银耳泡发，小米洗净浸泡 1 小时。❷ 将所有材料放入豆浆机，加适量清水，按"米糊"键。❸ 米糊打好后，盛出加入葡萄干即可。

肉丸粥

- **原料：** 五花肉 50 克，大米 30 克，蛋清 1 个，姜末、葱花、盐、料酒、淀粉各适量。

- **做法：** ❶ 大米洗净；五花肉洗净，剁成肉泥，加入葱花、姜末、盐、料酒、蛋清、淀粉，拌匀。❷ 锅内放入大米和清水，大火烧沸。❸ 熬至粥将熟时，将肉泥挤成丸子状，放入粥内，熬至肉熟，撒上葱花即可。

软糯滋润的米糊让新妈妈的皮肤更水润。

为了恢复分娩时消耗的体力，并且给宝宝提供高质量的乳汁，家人唯恐给新妈妈补得不够多，几乎每顿都是猪蹄汤、鱼汤等。吃得太多势必会造成肥胖，尤其对剖宫产妈妈而言，太多的赘肉堆积在腹部，会影响伤口的愈合。所以产后进补应得当。

剖宫产餐

清蒸鲈鱼

- **原料：** 鲈鱼 1 条，姜丝、葱丝、盐、料酒、酱油、香菜各适量。

- **做法：** ❶ 将鲈鱼去除内脏，收拾干净，洗净，擦干鲈鱼身上多余水分放入蒸盘中。❷ 将姜丝、葱丝放入鱼盘中，加入盐、酱油、料酒。❸ 大火烧开蒸锅中的水，放入鱼盘，大火蒸 8~10 分钟，鱼熟后立即取出，撒上香菜即可。

- **营养功效：** 鲈鱼富含蛋白质和多种矿物质，不仅有很好的补益作用，催乳效果也不错。

蒸的时间恰到火候，鲈鱼就会细嫩爽滑，吃起来无比鲜美。

伤口发痒怎么办

伤口有些发痒，新妈妈别害怕，这是因为手术刀口结疤后瘢痕开始增生。正确的处理方法是：涂抹一些外用药，如醋酸氟轻松、地塞米松等，但哺乳妈妈要谨慎用药。切不可用手抓挠、用衣服摩擦或用水烫洗，这样只会更刺痒。

＊ 照护建议：按摩头皮，重现飘逸秀发

　　新妈妈在洗头的时候，要避免用力抓扯头发，应用指腹轻轻地按摩头皮，以促进头发的生长以及脑部的血液循环。也可由家人给新妈妈做头皮按摩，方法是家人用双手从新妈妈眼眉上方的发际线处开始向头后沿直线按摩，直到后发际处。

吃天然食物补营养

坐好月子
3 件事

不宜过早吃人参

不要总卧床

鸡蛋菠菜煎饼

- **原料:** 鸡蛋 2 个，菠菜 50 克，面粉 100 克，盐适量。

- **做法:** ❶ 将菠菜洗干净，切细碎。❷ 将鸡蛋打入面粉中，加适量清水，搅拌成糊状。❸ 在面糊中放碎菠菜和盐，搅拌均匀。❹ 平底锅上放油，待油热后，舀一勺面糊放入锅内，把面糊摊圆。❺ 煎至两面金黄即可。

桂花栗子小米粥

- **原料:** 小米 60 克，栗子 50 克，糖桂花适量。

- **做法:** ❶ 栗子洗净，加水煮熟，去壳压成泥；小米淘洗干净，浸泡 3 小时。❷ 将小米放入锅中，加水适量，小火煮熟成粥，加入栗子泥，撒上糖桂花即可。

羊肝炒荠菜

- **原料:** 羊肝 100 克，荠菜 50 克，火腿 10 克，姜片、盐、水淀粉各适量。

- **做法:** ❶ 羊肝洗干净，切片，汆烫后沥干水；荠菜洗净、切段；火腿切片。❷ 起油锅，放入姜片、荠菜段，炒至断生，加入火腿片、羊肝片，调入盐，再用水淀粉勾芡即可。

第 14 天

经过 2 周的调养，新妈妈的肠胃功能逐渐恢复，胃口也开始好起来。从现在开始，新妈妈可以适当多吃一些有营养的食物，且不要偏食，粗粮和细粮都要吃，还要搭配杂粮，如小米、燕麦、玉米面、糙米、红豆等。此外，要少吃寒凉的食物。

口蘑腰片

- **原料**: 猪腰 100 克，茭白 50 克，口蘑 30 克，葱花、姜片、料酒、盐、淀粉、香油各适量。

- **做法**: ❶ 将猪腰撕去外皮膜，切成片，去掉腰臊，切花刀，洗净。❷ 沥干水分后加料酒、盐、淀粉拌匀；茭白、口蘑洗净，切片，备用。❸ 爆香姜片，放入猪腰翻炒，再放入茭白、口蘑和盐。❹ 放入适量水，待沸后淋上香油，撒上葱花即可。

油菜蘑菇汤

- **原料**: 油菜心 100 克，鲜香菇 30 克，鸡油、盐、香油各适量。

- **做法**: ❶ 油菜心洗净，从根部剖开；鲜香菇洗净，切块，备用。❷ 将鸡油烧至八成熟，放入油菜心煸炒，之后加入适量水，放入香菇、盐，用大火煮熟，最后淋上香油即可。

银耳鹌鹑蛋

- **原料**: 银耳 30 克，鹌鹑蛋 100 克，冰糖适量。

- **做法**: ❶ 银耳泡发，去蒂，放入碗中，加适量水，放入蒸笼蒸透。❷ 鹌鹑蛋洗净，加适量水煮熟，去壳。❸ 锅中加水，放入冰糖，煮开后放入银耳、鹌鹑蛋，稍煮即可。

* 照护建议：不要给宝宝和新妈妈盖太厚

看到宝宝和新妈妈睡着了，家人会非常关切地把被子盖严一些，有时甚至再加一层薄被。其实这样反而不好。盖得太厚导致出汗，既影响睡眠，还容易使新生儿脱水。新妈妈身体本来就虚弱，容易出虚汗，睡觉后就会出现口干舌燥的症状，身体常常缺水，皮肤会又干又痒。

红糖水别喝太多

坐好月子
3 件事

出去走走　注意防风

苹果红薯泥

- **原料：** 苹果、红薯各半个，核桃仁适量。

- **做法：** ❶ 红薯洗净，去皮，用微波炉烤熟，冷却后切成小块，备用。❷ 苹果洗净，去皮，去核，切成小块。❸ 将红薯块、苹果块放入搅拌机中，加适量水搅打细腻。❹ 核桃仁掰碎，撒在果泥上即可。

猪蹄肉片汤

- **原料：** 猪蹄1只，咸肉、冬笋、木耳、肉皮、香油、米酒、姜片、盐各适量。

- **做法：** ❶ 肉皮泡发切片；木耳泡发；咸肉洗净切片；冬笋去皮，洗净切片；猪蹄洗净切块，用沸水略煮去腥。❷ 香油倒锅中，放姜片、猪蹄炒至外皮变色。❸ 将炒好的猪蹄与咸肉、冬笋、肉皮、木耳放高压锅内，加米酒同煮。❹ 待猪蹄熟，加香油、盐调味即可。

清蒸黄花鱼

- **原料：** 黄花鱼2条，料酒、姜片、葱段、盐各适量。

- **做法：** ❶ 鱼洗净，抹上盐，放盘子上。将姜片铺在鱼上，淋上料酒，放入锅中用大火蒸熟。❷ 鱼蒸好后把姜片拣去，腥水倒掉，然后将葱段铺在鱼上。❸ 将锅烧热，倒入油烧到七成热，把烧热的油浇到鱼上即可。

甜甜的苹果红薯泥好吃又不长胖。

新妈妈，尤其是剖宫产妈妈，在生产两周后，会感到情绪忧郁或身体疲倦，甚至出现失眠现象，这是由于妊娠期间胎盘或产妇体内分泌的激素影响导致的。剖宫产妈妈此时要注意休息，饮食上多选用一些可镇静安神的食物，如芝麻、海带、鱼肉等。

剖宫产饮食

五花肉焖豆角

• **原料**：五花肉、豆角各 200 克，料酒、酱油、白糖、高汤、葱末、姜末、盐各适量。

• **做法**：❶ 五花肉洗净，切成薄片；豆角洗净，掰成段。❷ 油锅烧热，放入葱末、姜末炝锅，放入五花肉片炒散后，倒入料酒。❸ 放入豆角翻炒几下，加酱油、白糖、盐调味，翻炒后放入少许高汤，中火焖至豆角熟透即可。

陈皮海带粥

• **原料**：海带、大米各 50 克，陈皮、白糖各适量。

• **做法**：❶ 海带泡发，洗净，切成碎末；陈皮洗净。❷ 大米淘洗干净，放入锅中，加适量水煮沸。❸ 放入陈皮、海带末，不停地搅动，用小火煮至粥熟，加白糖调味即可。

橙香鱼排

• **原料**：鲷鱼 1 条，橙子 30 克，红椒、冬笋各 20 克，盐、水淀粉各适量。

• **做法**：❶ 将鲷鱼收拾干净，切大块；冬笋、红椒洗净、切丁；橙子取出肉粒。❷ 锅中倒入适量油，鲷鱼块裹适量水淀粉入锅炸至金黄色。❸ 锅中放水烧开，放入橙肉粒、红椒、冬笋，加盐调味，用水淀粉勾芡，浇在鲷鱼块上即可。

* 照护建议：给新妈妈创造良好的休养环境

　　如果亲戚朋友打电话要来探望，家人可以替新妈妈婉言谢绝，或者把握好探望时间。如果宝宝昼夜颠倒，影响新妈妈的休息，可以等宝宝吃饱后，把宝宝抱到另一房间。卧室要整齐干净，宝宝的尿布、衣物、玩具等要摆放有序。及时将宝宝换下的尿布扔到室外，不要堆在室内的墙角。

做舒缓运动

**坐好月子
3 件事**

勿用力咳嗽　不宜吃太多酱油

胡萝卜牛蒡排骨汤

- **原料：** 排骨 100 克，牛蒡 30 克，胡萝卜 20 克，盐适量。

- **做法：** ❶ 排骨洗净，斩段，余烫去血沫，用清水冲洗干净。❷ 胡萝卜洗净，去皮，切块，备用；牛蒡刷去表面的黑色外皮，切成小段。❸ 把所有材料放入锅中，加适量清水，大火煮开，转小火再炖 1 小时，出锅前加盐调味即可。

丝瓜蛋汤

- **原料：** 鸡蛋 1 个，丝瓜 50 克，盐、香菜各适量。

- **做法：** ❶ 鸡蛋打散在容器中，加入色拉油搅拌好。❷ 丝瓜洗净，去皮，切成滚刀状。❸ 锅中放水，倒入丝瓜，水开后，倒入鸡蛋，起锅时，放入盐、香菜调味即可。

芝麻圆白菜

- **原料：** 圆白菜 200 克，黑芝麻 30 克，盐适量。

- **做法：** ❶ 圆白菜洗净，切粗丝。❷ 用小火将黑芝麻不断翻炒，炒出香味时出锅。❸ 油锅烧热，放入圆白菜丝，翻炒几下，加盐调味。❹ 炒至圆白菜丝熟透发软时，出锅盛盘，撒上黑芝麻，搅拌均匀即可。

第五章
产后第 3 周

新妈妈的身体变化

乳房	产后第 3 周，乳房开始变得比较饱满，肿胀感也在减退，清淡的乳汁渐渐浓稠起来。每天哺喂宝宝的次数增多，偶尔会有漏乳的现象产生，新妈妈要及时更换乳垫
胃肠	通过产后前两周的调整和进补，胃肠已适应了少食多餐，汤水为主的饮食，现在妈妈吃什么宝宝就会吸收什么
子宫	产后第 3 周，子宫基本收缩完成，已回复到骨盆内的位置，最重要的是子宫内的污血快完全排出了，子宫将成为真空状态
伤口及疼痛	会阴侧切的伤口已没有明显的疼痛，但是剖宫产妈妈的伤口内部会出现时有时无的疼痛，只要不持续疼痛，没有分泌物从伤口处溢出，大概再过两周就可以完全恢复正常了
恶露	产后第 3 周是白色恶露期，此时的恶露已不再含有血液，而含有大量的白细胞、退化蜕膜、表皮细胞和细菌，使恶露变得黏稠而色泽较白
排泄	为了催乳而喝下比较油腻的汤，会使新妈妈有轻微的腹泻，如果是这样的话，每餐适量减少一点催乳汤的摄入量，增加些淀粉类食物

第3周

Q&A

**以前在床上一躺就睡着，
现在整天在家带宝宝，
晚上却睡不着了。
好郁闷，
睡不着的感觉真难受，
白天也总感觉昏昏沉沉的。
该怎么办？**

导致产后失眠的原因很多，精神紧张、兴奋、抑郁、恐惧、焦虑、烦闷等精神因素常可引起失眠。除此之外，环境改变、晚餐过饱、噪声、光等也是导致失眠的重要原因。要想产后有个好睡眠，新妈妈应从以下几方面着手：

睡前不要胡思乱想，听一些曲调轻柔、节奏舒缓的音乐。睡前两小时内不要吃东西，但可以喝杯牛奶。适当做些运动，或洗个温水澡。

饮食调养方案

催乳为主，补血为辅

宝宝的需求增大了，总是把妈妈的乳房吃得瘪瘪的，催乳成为新妈妈当前进补最主要的目的。哺乳期大概为一年的时间，所以产后初期保证良好的乳汁分泌和乳腺畅通，会给整个哺乳期提供保障。

恶露虽然已经排得差不多了，但是这些天的大量失血，新妈妈的身体状况也发出"警报"，总感觉疲劳乏力，提不起精神来。醒来后偶尔还有眩晕的感觉，缺血使产后新妈妈的身体失去了活力。简单而方便的补血方式，随时可以进行，红枣茶、红枣粥、蜜枣汤都是方便易做的好补品。

趁热食用

生完宝宝之后，发现时间过得非常快，每天都忙碌而充实，一会儿宝宝拉便便了，一会儿又该给宝宝喂奶了，等处理完这些事情才发现，刚刚热气腾腾的饭菜已经凉了。这时，新妈妈千万不要图省事，一定要再重新加热，处理得当后再吃。

产后新妈妈的食物以温热为宜，这样才有利于肠胃的健康，肠胃舒服了，全身才能舒服。而且温热的食物有利于新妈妈排汗、排毒。

谢绝零食

新妈妈怀孕前如有吃零食的习惯，在哺乳期内要谢绝零食的摄入。大部分的零食都含有较多的盐和糖，有些还是经过高温油炸过的，并加有大量的食用色素，对于这些零食，新妈妈要退避三舍，避免食用后对宝宝的健康产生不必要的危害。

产后第 3 周一日食谱推荐

早餐	1 碗西米火龙果 +1 张土豆饼 /1 个煮玉米	早餐胃口不佳的新妈妈，可以食用甜甜的水果粥，既能补充水分，又可以补充能量。水果粥搭配蔬菜饼，可以使新妈妈获得满满的能量，搭配煮玉米也不错，有利于肠道通畅
加餐	1 个煮鸡蛋 + 几块全麦饼干	早餐没有胃口的新妈妈，一定要注意加餐的质量，如果早餐只是吃了一些开胃的水果或只喝了 1 杯酸奶，加餐时一定要注意能量的补充，可以以鸡蛋、蔬菜饼为加餐主食
午餐	1 碗爆鳝鱼面 + 半份彩椒鸡丝 / 清炒油麦菜 +1 碗芥菜干贝汤	面、菜、海鲜汤的搭配，可以使新妈妈吃得美味又营养，中午吃得饱、吃得好，既有利于补充上午的体力，又有利于下午的泌乳。午餐一定要注意荤素的搭配，最好不要只吃肉食或只吃素食
加餐	1 小块菠萝 + 几片面包	菠萝具有健胃消食、补脾止泻、清胃解渴等功效，加餐时吃块菠萝，既有利于消化午餐，又可使人感到清爽。吃菠萝时搭配几片面包，可以促进营养的吸收
晚餐	1 碗百合南瓜粥 + 半份菠菜粉丝 +1 个牛肉饼 / 发面馒头	晚餐以汤粥为主，更利于消化，搭配半份蔬菜，利于营养的全面吸收。因为新妈妈晚上还要哺乳，所以要保证能量的供给，可吃些富含碳水化合物的主食，如烙饼、馒头、花卷等
加餐	1 碗莲子汤 / 薏米红豆粥 + 几粒葡萄	薏米红豆粥具有补脾的作用，除此之外还有排毒、美容、养肝的功效，特别适合产后水肿偏胖的新妈妈食用

煮玉米：西米火龙果中热量较少，搭配煮玉米或者放些玉米粒，既能增强口感，又能补充碳水化合物。 ▶

煮鸡蛋：加餐吃煮鸡蛋时，可以将煮鸡蛋切成块，与蔬菜做成沙拉吃。 ▶

清炒油麦菜：油麦菜具有清燥润肺等功效，与海鲜搭配食用，味道独特，可促进 B 族维生素的吸收。 ▶

◀发面馒头：发面馒头松软可口，利于消化吸收，搭配粥、菜一起食用，更利于消化。

◀菠萝：对菠萝过敏者不宜吃。一次食用一小块儿即可，不可过多食用。

◀葡萄：葡萄具有补铁的功效，还可以补充水分，加餐时吃三四粒即可。

第3周坐月子炖补食材

宜

维生素丰富的食物

产后第3周，新妈妈的身体基本已经恢复，此时关注点逐渐转移到瘦身和美肤上。维生素有利于新妈妈伤口的愈合，还可防止皮肤衰老，丰富的维生素还可以提高乳汁质量。所以新妈妈可以适当吃些富含B族维生素、维生素A、维生素C等的食物。

宜吃关键词 ▶ 延缓皱纹生成

玉米中所富含的天然维生素E有保护皮肤、促进血液循环、降低胆固醇、防止皮肤病变、延缓衰老的功效，能使皮肤细嫩光滑，抑制、延缓皱纹的生成。

宜吃关键词 ▶ 防止胸部变形

芹菜富含维生素C，可防止胸部变形；其中富含的维生素E，有助于胸部发育，还利于乳汁的生成。

宜吃关键词 ▶ 淡化妊娠纹、淡斑

西蓝花中含有丰富的维生素C和叶酸，具有促进伤口愈合、淡化妊娠纹、淡斑的作用，新妈妈常吃西蓝花，还能使宝宝的眼睛更明亮，皮肤更光滑白皙。

| 玉米 | 豇豆 | 芹菜 | 菠菜 | 西蓝花 | 彩椒 |

宜吃关键词 ▶ 调理消化系统

豇豆富含B族维生素、维生素C和植物蛋白质，能使新妈妈头脑宁静，并能调理消化系统，消除胸膈胀满。新妈妈常吃豇豆还能使气色更红润。

宜吃关键词 ▶ 促进新陈代谢

菠菜中所含的胡萝卜素，在人体内可以转变成维生素A，能维护正常视力和上皮细胞的健康，同时能促进人体新陈代谢，使身体更健康。

宜吃关键词 ▶ 促进血液循环

可改善黑斑及雀斑，还有补血、消除疲劳、促进血液循环等功效，能使血液中有益的胆固醇增加，血管强健。其中的椒类碱能够促进脂肪的新陈代谢，防止体内脂肪积存，从而达到瘦身的功效。

忌 腌制食品和罐头

产后新妈妈的口味要清淡，不可吃腌制食物和油腻的食物。食物还是以吃新鲜的为宜，这样既能保证营养的供给，还有利于乳汁质量的提升。罐头食品、腌制食品都不属于新鲜食品，所以最好不要吃。

忌吃关键词 ➤ 含有防腐剂

香肠味美，但大多都是腌制的，有大量的防腐剂和添加剂，如亚硝酸盐，对人体有害无益，哺乳妈妈食用后也会影响乳汁的质量，因此新妈妈应尽量少吃市场上销售的香肠。

忌吃关键词 ➤ 含有苯甲酸盐添加剂

蜜饯在制作过程中被添加了一种添加剂——苯甲酸盐，这种添加剂常人适当食用对身体没有太大影响，但对宝宝的生长发育有副作用，可能会导致发育迟缓。哺乳妈妈尤其要少吃。

忌吃关键词 ➤ 损害肝、肾

为了延长保存期，罐头食品在制作过程中要加入防腐剂（常用的如苯甲酸）。一般而言，罐头食品所加防腐剂对人体无毒害作用，但是经常食用罐头食品，会损害肝、肾。山楂经过加工后，还会损失大量维生素，使营养流失。

香肠　腊肉　蜜饯　酸菜　山楂罐头　鱼罐头

忌吃关键词 ➤ 引起肾脏不适

腊肉在制作过程中添加了多种调料，肉中的维生素和矿物质流失较多，不利于新妈妈全面营养的补充。哺乳妈妈过量食用腊肉，不但会增加肾脏负担，造成不适，还会影响乳汁质量，对宝宝的生长发育很不利。

忌吃关键词 ➤ 不易消化

酸菜是难消化食物，哺乳期不易消化，进食后，会出现腹痛症状，宝宝通过母乳也会出现腹泻症状。

忌吃关键词 ➤ 诱发宝宝得病

无论是鱼罐头，还是其他肉罐头，都会为了保持罐头的色鲜味美和延长保存时间，加入一定的化学添加剂，如香精、色素、防腐剂等。这对新妈妈的身体影响较小，但是对宝宝而言，会影响体内各种代谢功能及酶的活性，诱发种种疾病。

第 15 天

新妈妈身上的不适感在减轻，比起前两周，无论从身体上还是精神上都会很轻松。此时新妈妈全部的心思都放在喂养宝宝上，促进乳汁完美而顺畅的分泌还是重中之重，产后贫血也要避免发生。

哺乳妈咪

姜枣枸杞乌鸡汤

- **原料：** 乌鸡 1 只，红枣 9 颗，枸杞子 10 克，姜片、盐各适量。

- **做法：** ❶ 乌鸡去内脏，洗净，放进温水里，用大火煮，待水沸后捞出乌鸡，放进清水里洗去浮沫。❷ 将红枣、枸杞子洗净。❸ 将红枣、枸杞子、姜片、乌鸡放入锅内，加水大火煮开，用小火炖至乌鸡熟烂。❹ 出锅前加入适量盐调味即可。

- **营养功效：** 乌鸡营养丰富，是养身体的佳品。

不宜长时间看书或者看电视

产后身体各个系统，包括皮肤、眼睛都需要一定的时间慢慢恢复，如果过早或长时间看书、上网，会使新妈妈眼睛劳累，导致日后再长久看书或上网容易使眼睛疼痛。所以，产后新妈妈不宜多看书或上网，一定要休息好，不要过于疲劳。

汤水清亮，味道可口，炖法简单，体虚的新妈妈可常食用。

* **照护建议：饭菜中少放盐**

　　哺乳妈妈如果盐分摄入过多的话，会引起宝宝上火，直接的表现就是宝宝的嘴上起盐泡，或口唇周围发白。如果发现上述情况，家人要及时为新妈妈调整饮食。哺乳妈妈多喝些粥、蔬菜汤、水果汁等，同时注意多喂宝宝一些水，待宝宝有所好转，再给新妈妈加些少盐的饮食。

坐好月子
3 件事

1 吃好早餐
2 勿挤压乳房
3 注意排空乳房

苹果玉米汤

- **原料：** 苹果 2 个，玉米 1 根。

- **做法：** ❶ 将苹果、玉米切成块。❷ 把玉米、苹果放入汤锅中，加适量水，大火煮开，再转小火煲 40 分钟即可。不喜欢喝原味的，可适量加些盐或糖调味。

西米火龙果

- **原料：** 西米 100 克，火龙果 1 个，白糖、水淀粉各适量。

- **做法：** ❶ 西米用开水泡透蒸熟，火龙果对半剖开，挖空后，果肉切成小粒。❷ 将锅烧热，注入清水，加入白糖、西米、火龙果粒一起煮开。❸ 用水淀粉勾芡后盛入碗内即可。

土豆饼

- **原料：** 土豆、西蓝花各 20 克，面粉 40 克。

- **做法：** ❶ 土豆洗净，去皮，切丝；西蓝花洗净，焯烫，切碎；土豆丝、西蓝花、面粉、适量水放在一起搅匀成糊。❷ 将搅拌好的土豆面糊倒入煎锅中，用油煎成饼，吃时切块即可。

苹果的清香和玉米的甘甜都溶解在汤中。

新妈妈如果患有比较严重的慢性疾病，如有较重的心脏病、肾病以及糖尿病等，都不太适合给宝宝进行哺乳。勉强坚持给宝宝进行母乳喂养，对妈妈与宝宝的健康都会有所影响。非哺乳妈妈的进补要格外用心和注意，保持均衡的营养，可使气血充足。

小米鳝鱼粥

- **原料：** 小米30克，鳝鱼肉50克，胡萝卜、姜末、盐、白糖各适量。

- **做法：** ❶ 将小米洗净；鳝鱼肉切成段；胡萝卜切成小块，备用。❷ 在砂锅中加入适量清水，烧沸后放入小米，用小火煲20分钟。❸ 放入姜末、鳝鱼肉、胡萝卜煲15分钟，熟透后，放入盐、白糖调味即可。

- **营养功效：** 此粥含有丰富的营养，有益气补虚的功效，有利于非哺乳妈妈的身体恢复。

食欲缺乏、消化不良的新妈妈常吃鳝鱼小米粥可帮助恢复体力。

可以适度沐浴

非哺乳妈妈如果伤口恢复得好，可以在这一周内洗澡。产后洗澡应做到"冬防寒，夏防暑，春秋防风"。冬天沐浴必须密室避风，浴室宜暖，水温不能过热，避免洗澡时大汗淋漓。夏天浴室要空气流通，水温保持在37℃左右，不可贪凉用冷水。

* 照护建议：让新妈妈多参与宝宝的喂养工作

　　如果新妈妈不能进行母乳喂养，家人一定要多体谅，多宽慰新妈妈，尽量不要让新妈妈有负疚感。人工喂养时多让新妈妈参与，不能一味地代替新妈妈，让新妈妈与宝宝尽快建立亲密的母子关系，让宝宝熟悉妈妈的味道。

吃好每一餐
坐好月子
3 件事
及时回奶　不要过早减肥

麦芽粥

- **原料：** 大米、生麦芽、炒麦芽各 30 克，红糖适量。

- **做法：** ❶ 大米洗净，用清水浸泡 30 分钟。❷ 将生麦芽与炒麦芽一同放入锅内，加清水大火煎煮，去渣取汁。❸ 将大米放入锅中与麦芽汁一起煮。❹ 煮到大米完全熟时，加入红糖即可。

豇豆焖米饭

- **原料：** 米饭 200 克，豇豆 6 根，盐适量。

- **做法：** ❶ 豇豆、大米洗净。❷ 把豇豆切粒，放在油锅里略炒。❸ 将豇豆粒、大米放在电饭锅里，再加入比焖米饭时稍少一点的水，焖熟即可，可根据自己口味适当加盐调味。

香菇豆腐塔

- **原料：** 豆腐 300 克，鲜香菇 3 朵，榨菜、酱油、白糖、香油、水淀粉各适量。

- **做法：** ❶ 将豆腐切成四方小块，中心挖空；鲜香菇洗净，剁碎；榨菜剁碎。❷ 香菇和榨菜用调味料及水淀粉拌匀即为馅料；将馅料放入豆腐中心，摆在碟上蒸熟，淋上香油、酱油即可食用。

非哺乳妈妈可以食用麦芽粥回奶。

第 16 天

产后新妈妈乳腺容易发炎，一定要积极预防。哺乳妈妈要吃通乳、补血的食物，羊骨、鱼汤、黑豆、红枣等都是不错的选择。同时也要吃一些安神助眠的食物，如小米、山药、荔枝等。需要注意的是，不要吃麦芽等回乳食物，以免影响宝宝的营养。

羊骨小米粥

- **原料：** 羊骨 50 克，小米 30 克，陈皮、姜丝、苹果各适量。

- **做法：** ❶小米洗净，浸泡一会儿；羊骨洗净，捣碎。❷在锅中放入适量清水，将羊骨、陈皮、姜丝、苹果放入锅中，用大火烧沸。❸放入小米，待小米熟透即可。

黑豆煲瘦肉

- **原料：** 黑豆 30 克，猪瘦肉 100 克，葱段、盐、姜片各适量。

- **做法：** ❶黑豆洗净，泡发。❷猪瘦肉洗净切成厚块，在沸水中余去血水。❸在锅中放入适量清水，放入猪瘦肉和黑豆、葱段、姜片，煲熟后，放入盐调味即可。

奶汁百合鲫鱼汤

- **原料：** 鲫鱼 1 条，牛奶 150 毫升，木瓜 20 克，鲜百合 15 克，盐、姜末各适量。

- **做法：** ❶鲫鱼处理干净；木瓜洗净，切片；鲜百合洗净，掰小片。❷锅中放油，将鲫鱼两面略煎。❸加水，大火烧开，放姜末，小火慢炖。❹当汤汁呈奶白色时放木瓜片、百合、牛奶稍煮，出锅前放盐调味即可。

＊ 照护建议：不要只关注宝宝的"口粮"

在照顾月子时，家人往往偏向于宝宝这边，挂在嘴边的话就是："你吃饱了，才能奶水足，宝宝才能养得白白胖胖。"这些话往往引起新妈妈的反感，家人不要只为了宝宝好，就让新妈妈多吃，或吃她不喜欢的食物，新妈妈心情不好，奶水也会变少。

少吃味精

坐好月子 3 件事

多吃应季食物　注意荤素搭配

核桃仁莲藕汤

- **原料：** 核桃仁 10 克，莲藕 150 克，红糖适量。

- **做法：** ❶ 莲藕洗净切成片；核桃仁打碎，备用。❷ 将打碎的核桃仁、莲藕片放锅内，加清水用小火慢煮至莲藕绵软。❸ 出锅时加适量红糖调味即可。

猪肝炒油菜

- **原料：** 油菜 50 克，猪肝 100 克，盐、酱油各适量。

- **做法：** ❶ 猪肝洗净，切片，用盐和酱油腌制 10 分钟；油菜洗净切段，茎、叶分别放置。❷ 锅中倒油，放入猪肝快炒后盛出。❸ 锅中留底油，先放油菜茎，后放油菜叶，炒至半熟时放入猪肝，加适量盐，大火炒匀即可。

松仁玉米

- **原料：** 玉米粒 1 碗，豌豆、松仁各 1 小把，胡萝卜丁、葱花、盐、白糖、水淀粉各适量。

- **做法：** ❶ 豌豆、松仁洗净。❷ 锅中放油烧热，放入葱花煸香，然后下胡萝卜丁翻炒，再下豌豆、玉米粒翻炒至熟，加盐、白糖调味，加松仁，出锅前用水淀粉勾芡即可。

为帮助非哺乳妈妈进行回乳，这期间需要多吃一些麦芽粥之类的食物。在回奶的同时，也要注意回乳食谱的多样化，这样能有效促进新妈妈的食欲，帮助身体恢复。

非哺乳妈妈

栗子黄焖鸡

- **原料：** 鸡腿150克，栗子100克，水淀粉、料酒、白糖、葱段、姜块、香油、酱油、料酒、盐各适量。

- **做法：** ❶ 将栗子切成两半，放到锅里煮熟后捞出，去壳；鸡腿切块。❷ 油锅烧热，将葱段爆香，再加鸡腿块煸炒至外皮变色，加适量清水及盐、姜块、酱油、白糖、料酒，用中火煮。❸ 煮沸后，用小火焖至鸡肉将要酥烂时，放入栗子，最后用水淀粉勾芡，淋上香油即可。

- **营养功效：** 口感细滑，营养丰富。

补而不腻，还能通过栗子的活血止血之效，促进子宫恢复。

选取应季的食物

非哺乳妈妈应该根据产后所处的季节，选取进补的食物。比如春季可以适当吃些野菜，夏季可以多补充些水果，秋季食山药，冬季补羊肉等。要根据季节和新妈妈自身的情况，选取合适的食物进补，要做到"吃得对、吃得好"。

* 照护建议：不要疏于照顾新妈妈

　　由于新妈妈不用哺乳，所以家人或照看者会认为只要定时为宝宝冲泡好奶粉就可以了，新妈妈的生活可以自理，不用照顾。其实，产后恢复需要一段时间，是循序渐进的过程，所以新妈妈坐月子期间不能劳累，最好静养 30~42 天，不要过多从事家务劳动。

坐好月子
3 件事

1 少吃高蛋白食物
2 适当多吃蔬菜
3 适当增加运动

奶香麦片粥

- **原料：**大米 30 克，牛奶 250 毫升，麦片、高汤、白糖各适量。

- **做法：**❶ 将大米洗净，加入适量水浸泡 30 分钟，之后捞出，控水。❷ 在锅中加入高汤，放入大米，大火煮沸后转小火煮至米粒软烂黏稠。❸ 加入牛奶，煮沸后加入麦片、白糖，拌匀，盛入碗中即可。

莼菜鲤鱼汤

- **原料：**鲤鱼 1 条，莼菜 100 克，葱花、盐、料酒、香油各适量。

- **做法：**❶ 莼菜择洗干净；鲤鱼处理干净。❷ 将鲤鱼、莼菜放入锅内，加清水煮沸，去浮沫，加料酒，转小火煮 20 分钟。❸ 出锅前加入盐调味，撒上葱花，淋入香油即可。

蒲公英粥

- **原料：**蒲公英 60 克，金银花 30 克，大米 50 克。

- **做法：**❶ 将大米洗净，用清水浸泡 30 分钟，备用。❷ 清水煮沸后，先煎蒲公英、金银花，去渣取汁。❸ 用蒲公英、金银花汁煮大米，至大米完全熟透后即可。

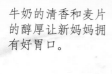

牛奶的清香和麦片的醇厚让新妈妈拥有好胃口。

第 17 天

哺乳妈妈在进行补血、催乳的同时，还需加强全面的营养，如多吃含维生素的蔬菜、含钙量高的肉类和汤类。哺乳妈妈即使偶尔出现奶水少的情况也不要着急，通过一两天的调理，一般就会恢复正常。

哺乳药膳

海带炖肉片

- **原料：** 海带、猪瘦肉各 100 克，枸杞子 5 克，黄豆 50 克，盐、姜片各适量。

- **做法：** ❶海带、黄豆分别泡发，洗净；枸杞子洗净；猪瘦肉切片。❷锅内加水煮沸后，放入海带焯一下。❸取炖盅，加入海带、猪瘦肉片、枸杞子、黄豆、姜片，加入盐、适量清水，炖 90 分钟即可。

- **营养功效：** 海带、猪瘦肉、枸杞子、黄豆同食可滋阴、养血。

可以将山楂切片放入锅中炖煮，色泽更红润，肉片更鲜香酥烂。

感冒了，还能继续哺乳吗

产后新妈妈不小心感冒了，也可以继续给宝宝哺乳，因为感冒病毒不会通过乳汁传染给宝宝。如果妈妈服用了一些可以在哺乳期吃的感冒药，最好在服药 4 个小时后再哺乳。喂奶前妈妈要洗手，并戴上口罩，防止感冒病毒传染给宝宝。

✳ 照护建议：不宜在饭菜中放太多醋

　　有些新妈妈偏酸食，而且酸食可以增强食欲，所以家人或照护者在做饭菜时，会多放一些醋。其实这样做并不好。因为新妈妈身体各部位都比较虚弱，需要有一个恢复过程，在此期间极易受到损伤，酸性食物会损伤牙齿，给新妈妈日后留下牙齿易于酸痛的隐患。

不宜外出就餐

**坐好月子
3 件事**

禁吃大麦制品 拒绝不健康零食

冬瓜陈皮汤

- **原料**：冬瓜 200 克，陈皮 5 克，香菇 3 朵，香油、盐各适量。

- **做法**：❶ 冬瓜去皮，洗净，切块；陈皮用温水浸泡 5 分钟，洗净，撕条。❷ 香菇去蒂，用温水浸泡 5 分钟，洗净，切花刀。❸ 冬瓜、陈皮和香菇放入砂锅中，加入适量清水，大火煮沸转小火煲 1 小时，加盐调味即可。

花生鸡脚汤

- **原料**：鸡爪 50 克，花生 20 克，姜片、盐各适量。

- **做法**：❶ 鸡爪剪去爪尖，洗净；花生用温水浸泡 30 分钟。❷ 锅中加适量水，大火煮沸后，放入鸡爪、花生、姜片，煮至熟透。❸ 加盐调味，转小火稍焖煮即可。

百合荸荠粥

- **原料**：百合 10 克，荸荠 30 克，糯米、大米各 30 克，枸杞子、冰糖各适量。

- **做法**：❶ 百合洗净，泡发；荸荠去皮，洗净，切片；糯米、大米分别洗净，浸泡。❷ 锅置火上，放入糯米、大米和适量清水，大火烧沸后改小火熬煮至粥熟。❸ 放荸荠片、百合、枸杞子和冰糖煮熟即可。

清淡的口感是水肿妈妈的最爱。

非哺乳妈妈忙于回乳的同时，也要适当进补，毕竟经过漫长的生产过程，身体消耗很大，身体的恢复不是一蹴而就的事情，选择低脂、低热量、滋补功能强的食物作为有益的补充也是必要的。需要注意的是，新妈妈进补时应忌食花生、猪蹄、鲫鱼等促进乳汁分泌的食物。

海参木耳烧豆腐

- **原料：** 泡发海参、豆腐各50克，木耳10克，芦笋、胡萝卜、葱末、姜末、盐、水淀粉各适量。

- **做法：** ❶ 海参洗净切丁；木耳泡发后切碎；胡萝卜、芦笋、豆腐洗净切丁。❷ 将海参、芦笋分别汆熟，捞出。❸ 油锅烧热，爆香葱末、姜末，放入胡萝卜丁、海参丁和木耳碎，加入适量水。❹ 烧沸后倒入豆腐丁、芦笋丁，加盐调味，用水淀粉勾芡即可。

- **营养功效：** 改善贫血症状。

月子里科学用眼

月子期间，非哺乳妈妈闲着无聊时，会读书、上网、看电视，如果时间过长，会造成眼睛疲劳，不利于产后恢复。产后身体各系统，包括皮肤、眼睛都需要一定的时间慢慢恢复，所以消耗精力的事情应等到月子结束后再去做。

海参是高蛋白、低脂肪、低胆固醇食物，备孕、怀孕、产后都可食用。

非哺乳妈妈饮食

＊ 照护建议：给非哺乳妈妈做营养高、热量低的饭菜

　　爱美是女人的天性，非哺乳妈妈身体恢复后会迫不及待地想减肥瘦身。如果家人还整天做一些鱼、肉等大补的食物，非哺乳妈妈会产生抵抗的心理。家人要了解新妈妈的感受，适当改变一下月子餐的做法，让新妈妈吃些营养高、热量低的饭菜。

做做恢复操

坐好月子
3 件事

保养肌肤　　劳逸结合

银耳鸡汤

- **原料：** 银耳 20 克，鸡汤、盐、白糖各适量。

- **做法：** ❶ 将银耳，用温水浸泡 20 分钟，泡发后去蒂，洗净。❷ 将银耳放入砂锅中，加入适量清水，用小火炖 30 分钟左右。❸ 待银耳炖透后放入鸡汤，等烧沸后，加入盐、白糖调味即可。

麦芽鸡汤

- **原料：** 鸡肉 100 克，生麦芽、炒麦芽各 20 克，高汤、盐、葱段、姜片各适量。

- **做法：** ❶ 鸡肉切块；生麦芽、炒麦芽用纱布包好。❷ 油锅烧热，放入葱段、姜片、鸡块煸炒。❸ 放入高汤、麦芽包，小火炖 2 个小时，加盐即可。

百合炒肉

- **原料：** 鲜百合 80 克，猪里脊肉 300 克，鸡蛋 1 个 (取蛋清)，盐、葱花、水淀粉各适量。

- **做法：** ❶ 猪里脊肉洗净，切片；鲜百合洗净，掰块。❷ 将百合、肉片用盐、蛋清抓匀，加水淀粉搅拌均匀。❸ 油锅烧热，放入备好的肉片、百合，翻炒至熟，加盐调味，撒上葱花即可。

第 18 天

哺乳妈妈因哺喂宝宝难免会觉得疲劳，所以可以喝一些缓解疲劳的粥类，多吃水果，放松心情，在补血催乳的同时也要照顾好自己。哺乳妈妈可能经常感觉到饿，这时要适当加餐，不要怕瘦不下来而不吃东西，否则会气弱血亏，不利于恢复。哺乳妈妈要明白，产后哺乳也是有效的减肥方法。

葡萄干苹果粥

- **原料**: 大米 30 克, 苹果 1 个, 葡萄干 10 克, 蜂蜜适量。

- **做法**: ❶ 大米洗净沥干, 备用。❷ 苹果洗净去皮, 切成小方丁, 要立即放入清水锅中, 以免氧化后变成黑色。❸ 锅内再放入大米, 与苹果一同煮至滚沸, 用勺子稍微搅拌一会儿, 改用小火熬煮 40 分钟。❹ 食用时晾温, 加入蜂蜜、葡萄干搅匀即可。

奶香带鱼

- **原料**: 带鱼 1 条, 牛奶 150 毫升, 熟芝麻、料酒、盐、酱油、淀粉、香油各适量。

- **做法**: ❶ 将带鱼洗净, 切块, 用料酒、盐拌匀, 腌 10 分钟, 拌上淀粉。❷ 将带鱼块放入锅中, 炸至金黄色捞出。❸ 锅内加水, 放入牛奶, 待汤汁烧开时, 放酱油、盐。❹ 用淀粉勾芡, 大火烧沸, 最后撒上熟芝麻, 淋上香油, 浇在带鱼上即可。

木瓜排骨汤

- **原料**: 猪肋排 150 克, 木瓜 50 克, 枸杞子、姜片、香菜、料酒、盐各适量。

- **做法**: ❶ 将猪肋排切成小块, 用开水余烫; 木瓜洗净, 切块。❷ 在锅中加适量清水, 烧沸后放入肋排、木瓜、枸杞子、料酒、姜片和盐, 用大火烧沸后转用小火煮熟, 撒上香菜即可。

＊ **照护建议：新妈妈乳汁稀，也别擅自给宝宝添加配方奶**

　　家人看到新妈妈乳汁稀薄，担心宝宝吃不饱，会擅自给宝宝添加配方奶，这样容易造成乳头混淆，有时还会造成宝宝不吸母乳，只吃配方奶。乳汁是否营养，不能以稀、稠下定论，乳汁看起来或稀或浓，只是脂肪含量不同造成的，不能与营养画等号。

每天喝碗
营养汤

**坐好月子
3 件事**

饿了就吃　　忌辛辣食物

红枣鸡丝糯米饭

- **原料：** 红枣 8 颗，鸡肉 100 克，糯米 50 克。

- **做法：** ❶ 鸡肉洗净，切丝，余烫；糯米洗净，浸泡 2 小时。❷ 将糯米、鸡肉、红枣放入锅中，加适量清水，蒸熟成饭即可。

西红柿南米

- **原料：** 西红柿、青蒜、芝麻、青椒各 30 克，葱花、盐各适量。

- **做法：** ❶ 西红柿洗净，去皮，做成酱；青蒜、青椒洗净，切碎。❷ 芝麻入锅炒香；锅中加入适量油，爆香葱花，下入切碎的青椒和青蒜略炒，加入西红柿酱、盐，煸炒片刻盛出，撒上炒香的芝麻即可。

牛肉饼

- **原料：** 牛肉馅 250 克，鸡蛋 1 个，葱末、姜末、料酒、盐、香油各适量。

- **做法：** ❶ 牛肉馅中加入葱末、姜末、料酒、盐、香油，搅拌均匀，打入鸡蛋搅匀。❷ 将肉馅摊平呈饼状，用少许油煎熟，或上屉蒸熟，也可以用微波炉大火加热 5~10 分钟至熟。

西医也有一些回乳方法。如口服溴隐亭或维生素 B$_6$，使垂体泌乳素分泌减少，进而抑制乳汁分泌。不过服用西药可能会引起恶心等身体不适，也可能会增加新妈妈日后患乳腺炎的概率，所以在吃西药进行回乳时，新妈妈一定要遵从医嘱。

核桃红枣粥

- **原料：** 核桃仁 20 克，红枣 5 颗，大米 30 克，冰糖适量。

- **做法：** ❶ 将大米洗净；红枣去核洗净；核桃仁洗净。❷ 将大米、红枣、核桃仁放入锅中，加适量清水，用大火烧沸后改用小火，等大米成粥后，加入冰糖搅匀即可。

- **营养功效：** 核桃含 B 族维生素、维生素 C 等，能通经脉、黑须发。此粥具有滋阴润肺、健脑益智、润肠通便的功效。

月子里最好别化妆

　　产后即便不哺乳，新妈妈也不能毫无顾忌地使用化妆品。因为怀孕期间，皮肤变得脆弱而敏感，防御能力降低，需要一段时间的修复。如果此时使用含有化学成分的护肤品，会使肌肤变得粗糙、暗淡，而且会对宝宝的健康造成影响。

为了让米粒颗颗饱满，粒粒酥稠，一定要按一个方向不停搅拌。

非哺乳妈妈

＊ 照护建议：试试外敷回乳法

　　有些新妈妈回乳时乳房胀胀的，不得不用吸奶器吸出奶汁，乳汁还会不断地生成。遇到这种情况，家人可试试外敷回乳法。取明矾 6 克，溶于 1500 克开水中，等水温后，用此水揉洗乳房 3 分钟，然后再用洁净毛巾浸明矾水在乳房局部做湿热敷 15 分钟，每晚 1 次，连用 3 天。

细嚼慢咽

坐好月子3 件事

运动适度　不要过度节食

蜜汁山药条

- **原料：** 山药 50 克，芝麻 10 克，蜂蜜、冰糖各适量。

- **做法：** ❶ 芝麻炒熟备用；山药洗净去皮，切条。❷ 山药条放入沸水中焯熟，捞出码盘。❸ 炒锅中加水，放入冰糖，小火煮至冰糖融化，倒入蜂蜜，熬至开锅冒泡即可，最后将蜜汁浇在山药上，将芝麻撒在山药上。

鲤鱼粥

- **原料：** 鲤鱼 1 条，大米 30 克，姜末、葱段、料酒、盐、香油各适量。

- **做法：** ❶ 鲤鱼剖洗干净后用小火煮汤，加入姜末、葱段和料酒，煮熟后去骨刺留汤及鱼肉备用。❷ 将大米洗净，放入锅中用大火煮，待粥黏稠时，加入鱼汤、鱼肉与盐调匀，稍煮片刻。❸ 食用时加入香油即可。

清蒸大虾

- **原料：** 大虾 6 只，葱花、姜片、姜末、料酒、高汤、醋、酱油、香油各适量。

- **做法：** ❶ 大虾洗净，去须、皮，择除虾线。❷ 将大虾摆在盘内，加入料酒、葱花、姜片和高汤，上笼蒸 10 分钟左右。❸ 拣去姜片，装盘；用醋、酱油、姜末和香油兑成汁蘸食即可。

第 19 天

哺乳妈妈饮食上需要注意不要吃生冷食物，滋补、催乳的食物要合理搭配，不能挑食。在不影响泌乳的同时，新妈妈可以逐渐调整自己的饮食规律，这样才能更好地控制体重。

鲷鱼豆腐羹

- **原料：** 鲷鱼 1 条，豆腐 1 块，胡萝卜半根，葱花、盐、水淀粉各适量。

- **做法：** ❶ 鲷鱼切块，入开水余烫捞出，用清水洗净；豆腐、胡萝卜洗净，切丁。❷ 锅内加水，烧开，放入鲷鱼块、豆腐丁、胡萝卜丁，小火煮 10 分钟，放入盐，水淀粉勾芡后盛入碗中，撒上葱花即可。

- **营养功效：** 鲷鱼富含蛋白质、钙、钾等，豆腐可补充钙质，有利于提高乳汁的质量。

不宜多吃巧克力

　　哺乳期的妈妈过多食用巧克力，会对宝宝的发育产生不良的影响。因为巧克力所含的可可碱会通过母乳在宝宝体内蓄积。可可碱能伤害神经系统和心脏，并使肌肉松弛，排尿增加，还会使宝宝消化不良、睡眠不稳、哭闹不停。

为了让豆腐更加滑嫩适口，煲汤时还是选择嫩豆腐比较好。

＊照护建议：不要埋怨新妈妈丢三落四

坐月子时，新妈妈往往丢三落四，东西拿在手里，却东翻西找，有时还会把宝宝用过的尿不湿落在床上，家人不要因此而埋怨、责怪她。经研究显示，当女性分娩后，体内雌激素达到最低水平，随着雌激素水平的降低，大脑的记忆力自然会下降。

坐好月子
3 件事

1 忌每天大鱼大肉
2 勿长时间看电脑
3 每天按按头皮

菠菜炒鸡蛋

- **原料：** 菠菜 300 克，鸡蛋 2 个，葱丝、盐各适量。

- **做法：** ❶ 菠菜洗净，切段，用沸水焯烫；鸡蛋打散。❷ 将油锅烧至八成热，倒入蛋液炒熟盛盘。❸ 另起油锅烧至七成热，下葱丝炝锅，然后倒入菠菜，加盐，倒入炒好的鸡蛋，炒匀即可。

红枣黑豆炖鲤鱼

- **原料：** 鲤鱼 1 条，黑豆 50 克，红枣 10 颗，姜片、盐各适量。

- **做法：** ❶ 鲤鱼去鳞、去内脏，洗干净，用盐、姜片腌制待用。❷ 把黑豆放入锅中，用小火炒至豆衣裂开，取出。❸ 将鲤鱼、黑豆、红枣一起放入炖盅内，加入适量沸水，用中火隔水炖 1 小时，放入适量盐拌匀即可。

松仁爆鸡丁

- **原料：** 鸡胸肉 250 克，鸡蛋 1 个，松仁、核桃仁各 20 克，姜末、盐、料酒、白糖各适量。

- **做法：** ❶ 将鸡蛋打成蛋液；鸡胸肉切丁，加盐、料酒、蛋液拌匀。❷ 将鸡丁、核桃仁炒熟。❸ 另起锅，入姜末，倒入鸡丁、核桃仁、松仁，加盐、白糖，翻炒均匀即可。

非哺乳妈妈可以吃些清淡的食物，但饮食也要全面营养，不能挑食、偏食。非哺乳妈妈如果身体恢复良好，可以正常吃一日三餐，而不用加餐，这样更利于产后瘦身，但非哺乳妈妈不能因为急于瘦身，就不顾身体的需要减少食量和餐次。

木耳炒鸡蛋

- **原料：** 鸡蛋2个，木耳50克，葱花、香菜、盐、香油各适量。

- **做法：** ❶ 木耳泡发，洗净，沥水；将鸡蛋打入碗内，备用。❷ 油锅烧热，将鸡蛋倒入，炒熟后，出锅备用。❸ 烧油锅，将木耳放入锅内炒几下，再放入鸡蛋，加入盐、葱花、香菜调味，淋上香油即可。

- **营养功效：** 木耳含糖类、蛋白质、维生素和矿物质，有益气强智、补血活血等功效。

不要完全拒绝脂肪类食物

产后节食减肥是新妈妈们经常采用的方法，过度节食或不吃脂肪类食物，会使体内脂肪摄入量和存储量不足，机体营养匮乏，这种营养缺乏使脑细胞受损严重，将直接影响新妈妈的记忆力，变得越来越健忘。

木耳柔软鲜美，可素可荤，除了与鸡蛋同食，还可以做各种配菜。

非哺乳妈妈

＊ 照护建议：家人不要大包大揽照顾宝宝的任务

　　由于非哺乳妈妈不用给宝宝哺乳，所以与宝宝接触的时间和次数会比哺乳妈妈少一些。有些家人还将照顾宝宝吃喝拉撒睡的任务大包大揽起来，这样就更减少了母子接触的时间，为了亲子关系的建立，家人应适当放手，让新妈妈学着照顾宝宝。

坐好月子
3 件事

1 适当散步
2 忌不易消化的食物
3 忌熬夜

核桃仁枸杞紫米粥

- **原料**：紫米、核桃仁各 50 克，枸杞子 10 克。

- **做法**：❶ 紫米洗净，浸泡30分钟；核桃仁拍碎；枸杞子拣去杂质，洗净。❷ 紫米放入锅中，加适量清水，大火煮沸，转小火继续煮 30 分钟。❸ 放入核桃碎与枸杞子，继续煮 15 分钟即可。

海鲜粥

- **原料**：大米 100 克，虾仁 5 个，鱿鱼半条，水发海参半个，葱花、姜丝、盐、白糖各适量。

- **做法**：❶ 将大米洗净；虾仁、鱿鱼、水发海参洗净、切小丁，氽烫，冲凉，放入盐、白糖拌匀，略腌。❷ 水烧开后，放入大米煮开，再用小火煮半小时。❸ 放入所有材料同煮至熟，再撒入姜丝和葱花即可。

彩椒鸡丝

- **原料**：熟鸡腿 2 只，青椒、红椒各 1 个，葱段、姜末、蒜末、白糖、蚝油、盐各适量。

- **做法**：❶ 熟鸡腿撕成小条。❷ 将青椒、红椒洗净，去子，切成细条。❸ 将油锅烧热，放入姜末和蒜末炒香，然后放入青椒条、红椒条翻炒。❹ 放入鸡肉条，翻炒片刻后，加入盐、白糖、蚝油、葱段，大火翻炒均匀即可出锅。

第 20 天

哺乳妈妈可以经常食用一些富含膳食纤维的食物，以免发生便秘。还要注意补钙，适当吃些虾皮、豆类等钙含量丰富的食物，但一定要少吃盐，否则会抑制钙吸收，尤其是产后高血压的新妈妈。

哺乳妈妈

爆鳝鱼面

- **原料：** 鳝鱼 200 克，菠菜 20 克，面条 100 克，盐、酱油、葱段、姜片、高汤、水淀粉各适量。

- **做法：** ❶ 将鳝鱼收拾、洗净切丝；菠菜洗净切段；面条煮熟，备用。❷ 锅中放入鳝鱼丝，加入菠菜段、姜片、葱段炒。❸ 加高汤、酱油、盐烧沸入味后，用水淀粉勾芡，浇在面条上即可。

- **营养功效：** 鳝鱼中含有丰富的 DHA 和卵磷脂，可帮助哺乳妈妈改善记忆力。

鳝鱼偏燥，上火的新妈妈要少吃。此外，鳝鱼一定要现杀现烹。

宜吃公鸡帮泌乳

产后新妈妈体内的雌、孕激素水平降低，有利于乳汁形成。但母鸡的卵巢和蛋衣中却含有一定量雌激素，会影响乳汁分泌。而公鸡肉的睾丸中含有雄激素，可以对抗雌激素，炖成汤会促使乳汁分泌。而且，公鸡的脂肪较少，新妈妈吃了不容易发胖。

* **照护建议：让宝宝与新妈妈多接触**

    家人为了让新妈妈休息好，会把宝宝抱到另一个房间，让新妈妈在单独的卧室静养，这不利于乳汁的分泌。母子多接触、多吸吮才能促进乳汁源源不断地生成，宝宝的吸吮可以让新妈妈体内产生更多的催乳素，乳汁只会越吃越多，不会越吃越少。

坐好月子
3 件事

1 外出穿平底鞋

2 不宜湿发结辫

3 不要触冷水

菠菜粉丝

- **原料：** 菠菜 150 克，粉丝 50 克，姜末、葱花、盐、香油各适量。

- **做法：** ❶ 菠菜择洗干净，粉丝洗净，分别用开水焯一下，捞出，沥净水。❷ 油锅烧热，用葱花、姜末炝锅，将菠菜、粉丝下锅，加盐稍炒出锅，淋上香油即可。

红薯小米粥

- **原料：** 小米 50 克，红薯 30 克，红糖适量。

- **做法：** ❶ 将红薯洗净，去皮，切成小块。❷ 小米淘洗干净，和红薯块一同放入锅中，加适量水，小火熬煮成粥。❸ 食用时加红糖调味即可。

芥菜干贝汤

- **原料：** 芥菜 250 克，干贝 3~5 只，鸡汤、香油、盐各适量。

- **做法：** ❶ 将芥菜洗净，切成段。❷ 干贝用温水浸泡 1 小时，备用。❸ 干贝洗净，加水煮软，拆开干贝肉。❹ 锅中加鸡汤、芥菜段、干贝肉，煮熟后加香油、盐调味即可。

非哺乳妈妈的伤口差不多愈合了，可以做一些简单的运动，如踢腿、按摩等，饮食上以助消化、益气补血的食物为主，如白萝卜、木耳等。气血不足的非哺乳妈妈，不要坚持运动，静养的同时，吃一些补气血的药膳，可使气色好起来。

非哺乳妈妈饮食

西蓝花炒猪腰

- **原料：** 猪腰 100 克，西蓝花 200 克，葱段、姜片、料酒、酱油、盐、白糖、水淀粉、香油各适量。

- **做法：** ❶ 将猪腰去除腥臊部分，在料酒中浸泡一会儿后取出，切花刀。❷ 在锅中加清水用大火烧开，放入洗净切块后的西蓝花，焯一下取出。❸ 在锅中将葱段、姜片爆香后放入腰花，加酱油、盐、白糖煸炒，放入西蓝花一同煸炒。❹ 最后用水淀粉勾芡，以香油调味即可。

- **营养功效：** 可预防产后贫血。

不要烫发、染发

　　非哺乳妈妈不要以为自己不哺乳，就可以烫发、染发。分娩后的3~6个月处于生育性脱发期，如果此时烫发，上卷时的力度较大，容易将头发扯下，造成脱发。而且产后的头发较脆弱，所以爱美的新妈妈们还是忍一忍吧。

荤素搭配，肥而不腻，鲜香味美，营养丰富又均衡。

＊ 照护建议：常为新妈妈做按摩

　　新妈妈有时会出现这儿痛、那儿痛的小毛病，家人不要觉得新妈妈娇气，这些都是产后的正常现象。家人可常为新妈妈做按摩，并为其热敷后，配合按摩，这样既能促进血液循环，预防月子病，又能使新妈妈感觉到家人对她的关心。

不要左看

坐好月子 3 件事

夏季腹部着凉　做做按摩

清炒蚕豆

- **原料：** 蚕豆 300 克，彩椒、葱、盐各适量。

- **做法：** ❶ 彩椒切丁；葱切末；油锅烧至八成热时，放入葱末。❷ 放入蚕豆、彩椒丁，大火翻炒，加水焖煮，水量与蚕豆持平。❸ 蚕豆表皮裂开后，加盐调味即可。

萝卜丝烧带鱼

- **原料：** 带鱼 1 条，白萝卜 50 克，料酒、盐、白糖、水淀粉、葱花、姜末各适量。

- **做法：** ❶ 带鱼洗净切段，加盐、料酒、水淀粉拌匀。❷ 白萝卜洗净切丝，焯水。❸ 将带鱼放入油锅，炸至金黄色，捞出。❹ 再放入葱花、姜末爆香，放入带鱼、白萝卜丝，加水烧开，放白糖、盐调味。

鲜肉小馄饨

- **原料：** 鸡蛋 1 个，猪腿肉、馄饨皮、紫菜、虾米、葱花、姜丝、盐、白糖、生抽、蚝油、香油各适量。

- **做法：** ❶ 猪腿肉打成肉末，加鸡蛋、盐、白糖、生抽、蚝油、葱花、姜丝拌匀成馅。❷ 将肉馅放入馄饨皮中包好。❸ 倒入适量水，放入紫菜和虾米煮沸，再放入馄饨煮熟，淋上香油即可。

第 21 天

经过两三周的调养，新妈妈身上的不适症状逐渐减轻，精神状态也更好了，这时候再来进补，新妈妈更容易消化吸收，而且不容易给身体造成负担。此时，宝宝醒着的时间更长了，需要妈妈的陪伴，哺乳妈妈在照顾宝宝的同时，一定不要忘了喝水。

哺乳妈妈

莲藕排骨汤

- **原料：** 猪排骨 150 克，莲藕 100 克，葱段、葱花、姜片、盐各适量。

- **做法：** ❶ 排骨斩段，洗净，放入沸水中余烫，撇去血沫，捞出沥干；莲藕去皮洗净，切片。❷ 将排骨放入锅中，加葱段、姜片，放入适量水，大火烧开，煮 15 分钟。❸ 放入莲藕，改用小火，炖熟后，放入盐、葱花即可。

鲜虾粥

- **原料：** 鲜虾 50 克，大米 30 克，芹菜、香菜、香油、盐各适量。

- **做法：** ❶ 大米洗净，放入锅中加适量水开始煮粥。❷ 鲜虾洗净，去虾线；芹菜、香菜洗净，切碎。❸ 粥煮熟时，把芹菜、鲜虾放入锅中，放盐，搅拌。❹ 煮 5 分钟左右，再将香菜放入锅中，淋入香油，煮沸即可。

蚝油草菇

- **原料：** 草菇 200 克，葱、姜、蚝油、老抽、盐各适量。

- **做法：** ❶ 草菇洗净，切成两半。❷ 葱、姜切丝，备用。❸ 油锅烧热，放入葱丝、姜丝爆香。❹ 放入切好的草菇，加蚝油、老抽、盐，翻炒均匀，炒熟即可。

坐好月子
3 件事

要戴胸罩

不要盲目用药

清洁乳房

＊ 照护建议：不要让新妈妈吃火锅

　　月子期间，新妈妈本来就爱上火，吃火锅会让新妈妈更加上火，尤其是哺乳的新妈妈，会使乳汁变得油腻和火性，宝宝吃了容易上火和腹泻。此外，火锅原料多是羊肉、牛肉等生肉片，还有海鲜鱼类等，火锅一吃就爱过量，吃得东西又杂，很容易引起肠胃不适。

肉末炒芹菜

- **原料：** 猪肉 50 克，芹菜 200 克，酱油、水淀粉、料酒、葱、姜、盐各适量。

- **做法：** ❶ 猪肉切丁，用酱油、水淀粉、料酒腌制。❷ 葱、姜切末；芹菜切丁，余烫。❸ 油锅烧热，先放入葱末、姜末煸炒，再放入猪肉丁快炒，变色后放芹菜丁炒熟，加盐调味即可。

百合南瓜粥

- **原料：** 南瓜 250 克，大米 100 克，鲜百合 20 克，冰糖适量。

- **做法：** ❶ 鲜百合洗净，剥成小瓣；南瓜去皮洗净，切小块。❷ 大米洗净，浸泡 2 小时。❸ 锅置火上，放入大米、南瓜块和适量水，大火烧沸后改小火熬煮。❹ 待大米煮到熟烂后，加入鲜百合和冰糖，煮熟即可。

木耳红枣汤

- **原料：** 木耳 50 克，红枣 4 颗，红糖适量。

- **做法：** ❶ 将木耳、红枣洗净，用冷水浸泡 10 分钟。❷ 将木耳、红枣及浸泡水一同放入锅内。❸ 用大火烧开煮熟，调入红糖即可。

非哺乳妈妈的乳房可能还有少量乳汁渗出，没有关系，只要少吃助泌乳的食物，慢慢的乳汁会越来越少。非哺乳妈妈身体恢复的差不多时，可以扩大活动空间，增长活动时间，天气暖和时，到外面走走，既利于瘦身，更能使新妈妈拥有好心情。

非哺乳妈妈

花椒红糖饮

- **原料：** 花椒 15 克，红糖适量。

- **做法：** ❶ 将花椒先放在清水中泡 1 小时。❷ 锅置火上，倒入花椒水再大火煮 10 分钟。❸ 出锅时加入红糖即可。

- **营养功效：** 帮助产后新妈妈回乳，减轻乳房胀痛。另外，回乳的新妈妈不要穿刺激乳头的衣服。为了减少乳头被刺激，可以穿着合身又具有支托性的胸罩，给予乳房适当的支撑。

此饮料味道淡甜而微麻，新妈妈可根据口味添加红糖。

宜经常变换睡姿

　　产后新妈妈在休息期间要侧卧、仰卧和俯卧多种姿势交替。如果睡觉一直平躺，仍然超重的子宫会往后倒，而产后支持子宫位置的韧带多软弱无力，尚未恢复正常的张力，难以将沉重的子宫牵拉至前位，子宫就会取后位的姿态复旧，易导致后位子宫。

* 照护建议：可以让新妈妈到室外走走

　　如果有老人照顾月子，一定是不会同意新妈妈到室外去的，"会受风、落下头疼病……"其实坐月子期间，不用整日闷在屋内，如果身体允许，生产完 1 周后，就可以去室外透透气，呼吸一下新鲜空气，多晒晒太阳，这会使新妈妈精神愉快，心情舒畅，有利于身体的康复。

不吃促泌乳
食物

**坐好月子
3 件事**

注意滋养　　保持好心情

三鲜冬瓜汤

- **原料：** 冬瓜、冬笋各 30 克，西红柿 1 个，鲜香菇 3 个，油菜、盐各适量。

- **做法：** ❶ 冬瓜洗净，切片；鲜香菇去蒂，洗净，切块；冬笋切片；西红柿洗净切片；油菜洗净掰成段。❷ 将所有原料放入锅中，加清水煮沸；转小火再煮至冬瓜、冬笋熟透。❸ 出锅前放盐调味。

麦芽山楂饮

- **原料：** 麦芽 10 克，山楂、红糖各适量。

- **做法：** ❶ 先将山楂切片，然后与麦芽分别放入锅中炒焦。❷ 将炒麦芽、炒山楂放入锅中，煮熟，加入红糖即可。

拌豆腐干丝

- **原料：** 豆腐干 200 克，葱末、香菜末、酱油、香油、盐各适量。

- **做法：** ❶ 将豆腐干切丝，备用。❷ 将豆腐干丝放在热水中余一下，捞出。❸ 放入葱末、香菜末、酱油、香油、盐，搅拌均匀即可。

第六章
产后第 4 周

新妈妈的身体变化

乳房	此时新妈妈的乳汁分泌已经增多，但同时也容易得急性乳腺炎，因此要密切观察乳房的状况
胃肠	连续 3 周的恢复，胃肠功能是最先好起来的，产后大量的进补和产前增加的体重，都给胃肠增加了不少的负担
子宫	子宫大体复原，产后第 4 周时，新妈妈应该坚持做些促进恢复的体操，以促进子宫、腹肌、阴道、盆底肌的恢复
伤口及疼痛	剖宫产妈妈手术后伤口上留下的痕迹，一般呈白色或灰白色，光滑、质地坚硬，这个时期开始有瘢痕增生的现象，局部发红、发紫、变硬，并突出皮肤表面。瘢痕增生期持续 3 个月至半年左右，纤维组织增生逐渐停止，瘢痕也会逐渐变平变软
恶露	产后第 4 周白色恶露基本上也排除干净了，变成了普通的白带。但是也要注意会阴的清洗，勤换内衣裤
排泄	随着胃肠功能的恢复，产后最初的便秘问题已解决，还要坚持养成定时排便的习惯，不要因为照顾宝宝而打乱了正常的生理作息

第4周

Q&A
产后感觉皮肤又干又痒，有时抓腿时，感觉胳膊、后背也痒，要挠到全身皮肤都红红的才善罢甘休。怎样做才会缓解？

产后皮肤瘙痒多数出现在头胎的新妈妈身上，主要病症是产后皮肤出现过敏瘙痒现象，表现为先在肚皮上，尤其是妊娠纹的附近，产生一些小小的红疹，逐渐融合成一片，慢慢蔓延到大腿。皮肤瘙痒通常在产后1~3个月就会消失。

预防皮肤瘙痒的办法有：避免食用刺激性食物，如辣椒、酒精、咖啡、咖喱等；洗澡时水温不宜过高。

饮食调养方案

注意肠胃保健

第4周与前3周相比，滋补的高汤都比较油腻，此时要注意肠胃的保健，不要让肠胃受到过多的刺激而出现腹痛或者是腹泻。注意三餐合理的营养搭配，让肠胃舒舒服服最关键。

早餐可多摄取五谷杂粮类食物，中午可以多喝些滋补的高汤，晚餐要加强蛋白质的补充，加餐则可以选择桂圆粥、荔枝粥、牛奶等。

无论是需要哺乳的新妈妈，还是不需要哺乳的新妈妈，产后第4周的进补都不要掉以轻心，本周可是恢复产后健康的关键时期。身体各个器官逐渐恢复到产前的状态，都正常而良好地"工作"着，它们需要在此时有更多的营养来帮助运转，尽快提升元气。

按时定量进餐

虽然说经过前3周的调理和进补，新妈妈的身体得到了很好的恢复，但是也不要放松对于身体的呵护，不要因为照顾宝宝，而忽视了进餐时间。宝宝经过3周的成长，也培养了较有规律的作息时间，吃奶、睡觉、拉便便等，新妈妈都要留心记录，掌握宝宝的生活规律，相应安排好自己的进餐时间。新妈妈还要根据宝宝吃奶量的多少，定量进餐。

中药煲汤需留意

如果需要，在第4周的时候，可以用中药煲汤来给新妈妈进补，但不同的中药特点各不相同，用中药煲汤之前，必须通晓中药的寒、热、温、凉等特性。选材时，最好选择无副作用的枸杞子、当归、黄芪等。

产后第 4 周一日食谱推荐

早餐	1 碗雪梨大米豆浆 +2 个风味蛋卷 /2 个南瓜饼	到了第 4 周,新妈妈的早餐可以变换一些花样了。带有果香味的豆浆,可以提升新妈妈早餐时的胃口,再搭配别具一格的主食,可以使新妈妈充满活力
加餐	1 袋黑芝麻糊 +1 个苹果 /5 个樱桃	新妈妈越来越关注美容瘦身了,加餐时不妨吃 1 袋黑芝麻糊,可使皮肤光滑、少皱纹,还令肤色红润白净,更有防治便秘的功效。搭配几个樱桃或吃个苹果,可以使营养更全面
午餐	1 份什锦西蓝花 +1 份红烧牛肉 +1 碗米饭 / 半张发面饼	午餐主副食的安排要注意荤素搭配,主食也要适当摄入。素菜最好用绿叶蔬菜或绿色蔬菜做,采用拌菜的方式更利于保留营养。关注瘦身的新妈妈,可以适当多吃些菜,少吃些主食
加餐	1 袋奶粉 /1 杯鲜榨果汁 + 几粒杏仁 /1 个面包	午餐吃得少的新妈妈,加餐时可补充一些能量稍高的食物,这样才有利于充足乳汁的生成。奶粉、杏仁可以迅速补充能量,而且可以增强体力
晚餐	1 碗西红柿山药粥 +1 个青菜包子 /1 个胡萝卜包子	晚餐稀粥 + 蔬菜包子,不仅能暖胃,还能为新妈妈提供矿物质、膳食纤维和维生素。简单营养、易消化的晚餐是新妈妈的首选
加餐	1 碗银耳红枣粥 /1 碗红薯花生汤	晚上加餐喝 1 碗银耳红枣粥可滋养润肺,还可以补血补铁,令新妈妈气色好。晚上的加餐以一些汤水之类的食物为宜,这样不会引起腹胀饱满,不致影响睡眠

鲜榨果汁:鲜榨▶ 果汁既能为新妈妈补充水分,还可以补充维生素。可以用不同的水果榨成果汁。

黑芝麻糊:黑芝▶ 麻糊中可以加入一些水果泥,水果口味的黑芝麻糊香甜可口,更好吃。

奶粉:市售奶粉▶ 大多会强化维生素、铁、钙等营养素,新妈妈可以根据自己的需要选择。

◀包子:发面做成的包子松软咸香,早餐或晚餐都可以吃。包子的馅料可选择不同的食材,荤素都可。

◀杏仁:杏仁能止咳平喘,润肠通便,加餐时吃几粒杏仁,还可以促进皮肤微循环,使皮肤红润光泽。

◀樱桃:樱桃含铁量特别高,常食樱桃可以促进血红蛋白生成,既可防治缺铁性贫血,又可增强体质。

第4周坐月子炖补食材

宜 开胃、滋补的食物

产后第4周，新妈妈也要注意滋补，不能因为身体刚刚有所好转，就开始像以前一样饮食无规律，为保证充足乳汁的生成，也为了身体更强健，此时吃一些滋补食物是非常有必要的。新妈妈没有胃口时，也可以吃些开胃的食物。

宜吃关键词 ▶ 提高食欲，帮助消化

西红柿富含 β - 胡萝卜素、维生素 B_3、维生素 C、膳食纤维、铁、钙、磷等营养素，有清热解毒、健胃消食等功效，可以提高新妈妈的食欲，帮助消化

宜吃关键词 ▶ 提高机体适应力

香菇中含有多种维生素、矿物质，对促进人体新陈代谢，提高机体适应力有很大作用。香菇有一股特有的鲜香味，可以提高新妈妈的食欲。

宜吃关键词 ▶ 开胃健脾

鲫鱼有开胃健脾、调养生津的作用，可通过补充生成乳汁所需要的营养蛋白来起到催乳的作用。脾胃健康有助于乳汁的分泌，因此鲫鱼对脾胃不好、乳汁少、泌乳不畅的新妈妈有益。

| 西红柿 | 牛肉 | 香菇 | 排骨 | 鲫鱼 | 虾 |

宜吃关键词 ▶ 增强免疫力

牛肉中含有维生素 B_6、锌，可帮助新妈妈增强免疫力，促进蛋白质的新陈代谢和合成，有助于新妈妈顺利度过月子期。且牛肉中含有丰富的铁质，能够帮助产后失血过多的新妈妈补血。

宜吃关键词 ▶ 滋阴润燥、益精补血

排骨中除了含有人体生理活动必需的优质蛋白质、脂肪、维生素外，还含有大量磷酸钙、骨胶原、骨粘蛋白等，尤其是丰富的钙质可维护骨骼健康，具有滋阴润燥、益精补血的功效。

宜吃关键词 ▶ 补虚强身

虾营养丰富，肉质松软易消化，对身体虚弱或病后、产后需要调养的人是极好的食物。此外，虾的通乳效果很好，并且富含磷、钙等矿物质，对宝宝和新妈妈有很好的补益作用。

忌 不健康零食

有些新妈妈喜欢吃零食，产后前两周为了身体恢复，尚可以控制自己吃零食的欲望，待快满月时，因为身体日渐恢复，照顾宝宝也已得心应手，新妈妈闲暇时就会时不时地往自己嘴里塞些小零食。但有些零食不利于宝宝和新妈妈的健康，一定要少吃或不吃。

忌吃关键词 ➤ 损害宝宝的神经系统和心脏

新妈妈食用过多的巧克力，其中所含的可可碱会进入母乳，并通过哺乳进入宝宝体内，损害宝宝的神经系统和心脏，并使肌肉松弛，排尿量增加，从而导致宝宝消化不良、睡眠不稳等。另外，常吃巧克力会影响新妈妈的食欲，造成身体所需营养供给不足。

忌吃关键词 ➤ 影响人体对营养的吸收

薯片中脂肪和食盐含量高得惊人，过多摄入薯片会影响人体对其他营养素的吸收，对健康无益。而且土豆经过油炸后性质彻底改变，从健康食物变成了垃圾食物。

忌吃关键词 ➤ 危害神经、造血系统

加了人造奶油的爆米花，会使新妈妈摄入多余的能量和反式脂肪酸，额外的能量会让新妈妈肥胖，反式脂肪酸会增加心脑血管疾病的患病风险。

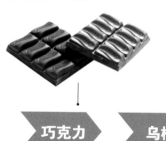

巧克力 ➤ 乌梅 ➤ 薯片 ➤ 可乐 ➤ 爆米花 ➤ 干脆面

忌吃关键词 ➤ 含有大量的色素和香精

乌梅在制作过程中，会加入大量的色素、香精及各种其他添加剂，这些添加剂会强烈刺激新妈妈的味蕾，产生兴奋感。随后，新妈妈会感觉家里的饭菜口味太淡，但却对乌梅这样的零食情有独钟，长期如此，会出现营养缺乏的问题。

忌吃关键词 ➤ 造成骨骼脆弱

可乐中含有咖啡因，喝太多可乐对新生儿的身体影响较大。哺乳妈妈常喝可乐，会造成骨密度降低，导致自己和宝宝骨骼脆弱，容易发生骨折；还会导致宝宝睡觉不安稳。

忌吃关键词 ➤ 营养价值低

干脆面脂肪含量很高，营养价值较低，多吃不利于饮食平衡。干脆面一般会经过油炸，油脂经过氧化后变成氧化脂质，会积存于血管或其他器官中，影响心脑血管的健康。

第 22~23 天

产后第 22 天之后，三餐进补是非常有必要的。家人可为新妈妈做一些营养高、促进乳汁分泌的食物，如黄鱼豆腐煲、豌豆猪肝汤等，新妈妈每餐要吃饱，不要为了瘦身而节食，否则会体力不支。

哺乳妈妈

黄鱼豆腐煲

- **原料：** 黄花鱼 1 条，香菇 4 个，春笋 20 克，豆腐 1 块，葱花、高汤、料酒、酱油、盐、白糖、香油、淀粉各适量。

- **做法：** ❶ 黄花鱼处理干净，切段，备用。❷ 豆腐切小块；香菇泡发，切丝；春笋切片。❸ 黄花鱼放入锅中，煎至两面金黄时，加酱油、料酒、白糖、春笋片、香菇丝、高汤，烧沸后放入豆腐、盐，小火炖至熟透，用淀粉勾芡，淋入香油撒上葱花即可。

- **营养功效：** 可健脾暖胃，提高食欲。

运动前先哺乳

运动后也不要立即给宝宝哺乳。哺乳妈妈在运动前最好先给宝宝喂奶，这是因为通常运动后，新妈妈机体内会产生大量乳酸，影响乳汁的质量，所以，乳酸潴留于血液中使乳汁变味，宝宝不爱吃。

丰富的食材搭配，爽滑黏稠的汤汁，通乳又滋补

* 照护建议：产后可以喝点葡萄酒

　　优质的红葡萄酒中含有丰富的铁，对女性非常有好处，可以起到补血的作用，使脸色变得红润。同时，产后喝一些葡萄酒，其中的抗氧化剂可以防止脂肪的氧化堆积，对身材的恢复很有帮助。所以家人可以让新妈妈适当喝些红葡萄酒，或者做菜时用一些。

健康瘦身

**坐好月子
3 件事**

勿生气时喂奶　注意营养均衡

豌豆猪肝汤

- **原料：** 豌豆 150 克，猪肝 100 克，姜片、盐各适量。

- **做法：** ❶ 猪肝洗净，切成片；豌豆在凉水中浸泡。❷ 锅中加水烧沸后放入猪肝、豌豆、姜片，一起煮半小时。❸ 待熟后，加盐调味即可。

白斩鸡

- **原料：** 三黄鸡 1 只，葱末、姜末、蒜末、香油、醋、盐、白糖各适量。

- **做法：** ❶ 三黄鸡洗净，放入热水锅中，小火焖 30 分钟，利用水的热度把三黄鸡浸透、泡熟。❷ 把所有调料放到碗里，用浸过三黄鸡的高汤调匀。❸ 三黄鸡拿出来剁块，放入盘中，把调好的汁浇到鸡肉上。

什锦西蓝花

- **原料：** 西蓝花、菜花各 200 克，胡萝卜 100 克，白糖、醋、香油、盐各适量。

- **做法：** ❶ 西蓝花、菜花洗净，掰成小朵；胡萝卜洗净，去皮，切片。❷ 将全部蔬菜放入开水中焯熟，盛盘，晾凉。❸ 加白糖、醋、香油、盐，搅拌均匀即可。

非哺乳妈妈产后瘦身计划渐渐提上了日程，做产后运动时，需要消耗一定的热量和能量，所以此时应吃一些能量稍高的食物，以适应身体锻炼的需要。牛肉、鸡蛋、排骨等食物可以帮助新妈妈增强体力，增加肌肉力量，为新妈妈运动提供源源不断的动力。

非哺乳妈妈营养

牛肉炒菠菜

- **原料：** 牛肉 150 克，菠菜 100 克，姜末、盐、白糖、酱油、淀粉各适量。

- **做法：** ❶ 菠菜洗净切长段；牛肉横纹切薄片，将姜末、盐、白糖、酱油、淀粉加适量水调匀，放入牛肉片中拌匀备用。❷ 将菠菜放入锅中，加盐煸炒片刻，盛入盘中备用。❸ 将牛肉放入炒至变色，取出盛于菠菜上拌匀即可。

- **营养功效：** 可益气血、强筋骨，还能补充失血和修复组织。

牛肉搭配蔬菜食用非常好吃，缺铁性贫血的新妈妈尤其适合搭配菠菜吃。

产后瘦身忌依靠束腹带

产后瘦身不能依靠束腹带，因为束腹带的主要作用是帮助固定腹壁，防止内脏下垂，但是束腹带并没有减肥瘦身的功效。过紧的束腹带会使人呼吸受阻，膈肌上下移动受限，这样会影响到肺部呼吸，导致头晕、胸闷等慢性缺氧症状。

* 照护建议：冷天要让新妈妈吃得更好

　　天气较冷时，身体需要足够的能量来抵御严寒，能量从食物中来，所以要给新妈妈补充一些能量高的食物，即高热量、高蛋白、高维生素的食物，比如鸡蛋、牛奶、肉类。让新妈妈趁热吃饭菜，汤面是冷天最好的暖胃食物，吃一碗全身暖暖的。

吃好每一餐

**坐好月子
3 件事**

忌暴饮暴食　不要过早减肥

小鸡炖蘑菇

- **原料：** 童子鸡 200 克，香菇 8 个，葱段、姜片、彩椒丝、香菜叶、酱油、料酒、盐、白糖各适量。

- **做法：** ❶ 童子鸡洗净，剁成小块。❷ 香菇用温水泡开，洗净切花刀，备用。❸ 将鸡块放入锅中翻炒，至鸡肉变色放入葱段、姜片、盐、酱油、白糖、料酒，加入适量水；水沸后放入香菇，中火炖熟，用彩椒丝、香菜叶装饰即可。

鲜蘑炒豌豆

- **原料：** 口蘑 100 克，豌豆 200 克，高汤、水淀粉、盐各适量。

- **做法：** ❶ 口蘑洗净，切成小丁；豌豆洗净。❷ 油锅烧热，放入口蘑丁和豌豆翻炒。❸ 加适量高汤煮熟，用水淀粉勾薄芡，加盐调味即可。

雪梨大米豆浆

- **原料：** 黑豆 40 克，大米 30 克，雪梨 1 个，蜂蜜适量。

- **做法：** ❶ 将黑豆用水浸泡 10~12 小时，捞出洗净。❷ 大米淘洗干净；雪梨洗干净，去蒂，去核，切碎。❸ 将所有材料放入豆浆机中，加水至上下水位线之间，启动豆浆机。❹ 制作完成后，过滤，晾至温热后加蜂蜜调味即可。

水果与谷物的碰撞，营养加倍。

第 24~25 天

哺乳药膳

哺乳妈妈因为要照顾宝宝，还要通过哺乳提供大量的热量给宝宝，所以想要恢复体力还需要食用各种能增强体力的食物，如海参、猪肉、虾肉、鳝鱼等。哺乳妈妈进行运动，也会增加身体能量的消耗，所以可以适当加餐，加餐食物宜选用坚果、牛奶、糕点、水果等，加餐量以不影响一日三餐的进食量为宜。

红豆排骨汤

- **原料**：排骨 100 克，红豆 20 克，盐适量。

- **做法**：❶ 排骨洗净，用沸水余烫后，捞出沥干；红豆洗净，提前泡水 4 小时。❷ 将所有材料放入锅中，倒适量水，大火煮开后转小火，再炖煮 1 小时。❸ 最后加盐调味即可。

风味蛋卷

- **原料**：鸡蛋 2 个，香蕉 1 根，核桃仁 30 克，番茄酱适量。

- **做法**：❶ 香蕉去皮，竖着从中间切开，将核桃仁摆在切面上。❷ 平底锅加热，滴少许油。❸ 鸡蛋打散，油五成热时，倒入蛋液，使蛋液均匀铺在锅底。❹ 蛋液凝固后，将香蕉和核桃仁放在鸡蛋饼上。❺ 铲起鸡蛋饼，将香蕉包起来，煎 2 分钟，装盘，淋上番茄酱即可。

茴香烘蛋

- **原料**：茴香 300 克，鸡蛋 2 个，生抽、白糖、盐各适量。

- **做法**：❶ 茴香洗净，切碎，放入碗中。❷ 打入鸡蛋，加生抽、白糖、盐和少许油搅拌均匀。❸ 将搅拌均匀的茴香蛋液倒入平底锅中，小火烘至两面金黄。❹ 盛出装盘，切块即可。

* 照护建议：给新妈妈做祛斑面膜

　　家人可为新妈妈做几款祛斑面膜，天然不刺激，很适合新妈妈用。

　　牛奶面膜：将 30 毫升牛奶倒入容器中，然后将面膜纸放入其中使之浸透。将浸透了牛奶的面膜纸轻轻敷在脸上，15~20 分钟后揭下面膜纸，用清水洗净即可。

1 多喝水

坐好月子
3 件事

2 运动不宜过量

3 忌饿肚子

黄芪橘皮红糖粥

- **原料：** 黄芪 30 克，大米 80 克，橘皮 3 克，红糖适量。

- **做法：** ❶ 将黄芪洗净，煎煮取汁；橘皮洗净，切小丁；大米洗净。❷ 将大米放入锅中，加入煎煮汁液和适量清水，熬煮至七成熟。❸ 将切好的橘皮丁放入粥中，同煮至熟，加红糖调匀即可。

香菇玉米粥

- **原料：** 大米、玉米粒各 30 克，香菇 3 个，猪瘦肉、淀粉、盐各适量。

- **做法：** ❶ 猪瘦肉洗净切粒，拌入淀粉；玉米粒洗净；大米洗净拌入植物油。❷ 香菇用冷水泡软，去蒂，切小块，再拌入植物油备用。❸ 在锅中加入适量清水，用大火煮开后将猪瘦肉、玉米粒、大米、香菇放入锅中继续煮，最后加盐调味即可。

肉末豆腐羹

- **原料：** 豆腐 100 克，肉末 50 克，黄花菜 15 克，酱油、盐、水淀粉、葱花、高汤各适量。

- **做法：** ❶ 豆腐切成小丁，用开水烫一下，捞出，过凉水。❷ 黄花菜泡发，择洗干净，切成小段。❸ 将高汤倒入锅内，加入肉末、黄花菜、豆腐、酱油、盐，煮沸后，用水淀粉勾芡，撒上葱花即可。

米粥中溢出淡淡的橘皮香。

非哺乳妈妈肠胃恢复得差不多了，但也应注意保养，最好按照一定的顺序进食，因为只有这样，食物才能更好地被肠胃消化吸收，从而更有利于新妈妈身体的恢复和营养的摄入。新妈妈正确的进餐顺序应为：汤→蔬菜→饭→肉，饭后 30 分钟再进食水果。

红烧牛肉

- 原料：牛肉 100 克，土豆、胡萝卜各 20 克，姜片、酱油、料酒、白糖、淀粉、盐各适量。
- 做法：❶ 将牛肉洗净后切成块，用酱油、淀粉、料酒腌制。❷ 土豆、胡萝卜洗净后切成块。❸ 姜片爆香，放入牛肉翻炒，倒入酱油，放入白糖，加适量清水，中火烧开。❹ 放入土豆块、胡萝卜块，待牛肉熟烂，加盐调味即可。

荠菜魔芋汤

- 原料：荠菜 50 克，魔芋丝 150 克，姜丝、盐、红椒丝各适量。
- 做法：❶ 荠菜去叶洗净，切成大片。❷ 魔芋丝用热水煮 2 分钟，去味，沥干，备用。❸ 将魔芋、荠菜、姜丝放入锅内，加清水用大火煮沸，转中火煮至荠菜熟软。❹ 出锅时加盐调味，红椒丝点缀即可。

莲藕炖牛腩

- 原料：牛腩、莲藕各 100 克，红豆 20 克，姜末、盐各适量。
- 做法：❶ 牛腩洗净，切大块，放入热水中略煮一下，取出后洗净，沥干。❷ 莲藕洗净，切成大块；红豆洗净，并用清水浸泡 30 分钟。❸ 将牛腩、莲藕、红豆、姜末放入锅中，加适量清水用大火煮沸。❹ 转小火慢煲 2 小时，出锅前加盐调味即可。

＊ 照护建议：给新妈妈放个假

　　因为要照顾宝宝，非哺乳妈妈坐月子也不太轻松，为了防止抑郁的发生，家人可给新妈妈放个假，鼓励新妈妈走出家门，和朋友聊聊天，或者去公园散散步。新爸爸也可以带新妈妈去郊游，适当的放松可以带来好心情，也可以使新妈妈更积极、乐观。

1 生活有规律

坐好月子
3 件事

2 粗细粮搭配　　3 勿过度劳累

红薯花生汤

- **原料：** 红薯 1 个，牛奶 1 杯，花生、红枣各适量。
- **做法：** ❶ 将花生、红枣洗净，用水浸泡 30 分钟；红薯洗净去皮，切块。❷ 锅中放入花生、红薯块、红枣，加水没过 2 厘米。❸ 小火烧至红薯变软，关火。❹ 盛出煮好的汤，倒入牛奶即可。

芦笋炒虾球

- **原料：** 虾仁 200 克，芦笋、木耳各 50 克，姜丝、蒜片、水淀粉、料酒、盐各适量。
- **做法：** ❶ 木耳泡发，洗净；虾仁用盐、料酒抓匀，腌 10 分钟。❷ 芦笋去皮，切段，和虾仁一起放入开水中余一下。❸ 油锅烧热，放入姜丝、蒜片爆香，倒入芦笋段、木耳、虾仁翻炒，出锅前淋少许水淀粉即可。

南瓜饼

- **原料：** 南瓜 250 克，糯米粉 200 克，白糖、红豆沙各适量。
- **做法：** ❶ 南瓜去子，洗净，包上保鲜膜，用微波炉加热 10 分钟。❷ 挖出南瓜肉，加糯米粉、白糖，和成面团。❸ 将红豆沙搓成小圆球，包入豆沙馅，制成饼坯，上锅蒸 10 分钟即可。

软软甜甜的南瓜饼也可以当作餐后甜点。

第 26~28 天

哺乳妈妈的饮食应营养全面，鸡、鸭、鱼、肉、水果、蔬菜都可以放心大胆地吃，但是需要注意的是食物的烹调方法。此时妈妈吃东西一定要考虑到宝宝的需要，比如不能吃辛辣的食物、未完全熟透的食物，也不要吃含有防腐剂的食物或饮料，尽量少吃或不吃燥热的水果，如榴莲、桂圆、荔枝等。

木耳猪血汤

- **原料:** 猪血 100 克，木耳 10 克，盐适量。

- **做法:** ❶ 将猪血洗净，切块；木耳水发后撕成小块。❷ 将猪血与木耳同放锅中，加适量水，用大火加热烧开。❸ 用小火炖到猪血块浮起，加盐调味即可。

虾仁豆腐

- **原料:** 豆腐 200 克，虾仁 50 克，鸡蛋 1 个，葱花、姜末、盐、淀粉、香油各适量。

- **做法:** ❶ 将豆腐切成小方丁，放入沸水中焯一下，捞出沥干。❷ 将虾仁洗净，加盐、淀粉，用蛋液上浆。❸ 将葱花、姜末、淀粉、香油放入小碗中，调成芡汁。❹ 在锅中放入虾仁翻炒，熟后放入豆腐，倒入调好的芡汁，迅速翻炒熟即可。

红枣蒸鹌鹑

- **原料:** 鹌鹑 1 只，红枣 5 颗，姜片、葱段、盐、淀粉、料酒各适量。

- **做法:** ❶ 将鹌鹑处理好，洗净；红枣洗净，去核。❷ 将鹌鹑与红枣、姜片、葱段、盐、料酒、淀粉拌匀，放入蒸碗里。❸ 将蒸碗放入蒸锅中，将鹌鹑蒸熟后淋上熟油即可。

* 照护建议：不要让新妈妈太累

　　新妈妈身体渐渐恢复了，有些新妈妈能"独当一面"，可以自己照顾宝宝了，但家人也不能放手不管，把照顾宝宝的责任全推给新妈妈。新妈妈如果太累，乳汁会减少，而且一个人照顾宝宝，难免会失去耐心，所以家人要辅助新妈妈带宝宝，或者让新妈妈当辅助者。

每天喝碗营养汤

坐好月子 3 件事

睡前一杯牛奶　　早晚刷牙

鳝鱼粉丝煲

- **原料：** 鳝鱼 1 条，粉丝、泡萝卜各 20 克，豆瓣、姜片、高汤、盐各适量。

- **做法：** ❶ 鳝鱼洗净切段，放沸水中氽烫，捞出；粉丝温水泡涨；泡萝卜切成长条。❷ 将豆瓣、姜片、泡萝卜条放入锅中用大火炒香。❸ 加入高汤、鳝鱼段，大火烧至八成熟，加入粉丝，煮熟后加盐。

清炖鲫鱼

- **原料：** 鲫鱼 1 条，白菜 100 克，豆腐 50 克，火腿片、冬笋片、木耳、姜片、盐各适量。

- **做法：** ❶ 鲫鱼处理干净后，放入锅中煎炸至微黄，放入姜片，加适量清水煮开。❷ 白菜洗净切块；豆腐切成小块；木耳泡发。❸ 将白菜、豆腐块、火腿片、冬笋片、木耳放入鲫鱼汤中，中火煮熟后，加盐调味即可。

银耳樱桃粥

- **原料：** 银耳 20 克，樱桃、大米各 30 克，糖桂花、冰糖各适量。

- **做法：** ❶ 银耳用冷水浸泡，洗净，撕成片；樱桃去柄，洗净。❷ 大米淘洗干净，用冷水浸泡半小时，捞出，沥干。❸ 加适量清水，放入大米，米粒软烂时，加入银耳，再煮 10 分钟，放入樱桃，加糖桂花拌匀，煮沸后加冰糖即可。

非哺乳妈妈不能暴饮暴食，否则会使刚刚恢复的肠胃变得不舒服，在日常饮食上，非哺乳妈妈也不能不管不顾。如果在冬季，水果从室外拿进来时太凉，可以在温暖的室内多放一段时间再吃，以免刺激肠胃。夏季不要吃冷饮，感觉太热时可以吃些常温的食物。

西红柿山药粥

- **原料：** 西红柿 1 个，山药 15 克，大米 50 克，盐适量。

- **做法：** ❶ 山药洗净，切片；西红柿洗净，切块；大米洗净，备用。❷ 将大米、山药放入锅中，加适量水，用大火烧沸。❸ 之后用小火煮至呈粥状，加入西红柿块，煮 10 分钟，加盐调味即可。

- **营养功效：** 西红柿具有生津止渴、健胃消食的功效；山药具有健脾胃的功效，两者都是产后新妈妈的滋补佳品。

如果不喜欢咸鲜口味的，也可以将盐换成白糖；注意西红柿别放太多。

适当吃菠萝助消化

　　菠萝果实营养丰富，含有人体必需的维生素 C、胡萝卜素以及易为人体吸收的钙、铁、镁等矿物质。菠萝果汁、果皮及茎所含有的蛋白酶，能帮助蛋白质消化，并能分解鱼、肉等动物脂肪，因此月子期间经常吃肉的新妈妈可以在饭后吃些菠萝。

＊照护建议：督促新妈妈坚持锻炼

　　快出月子了，家人对新妈妈和宝宝的照顾可能不像之前那么无微不至，需要新妈妈更加独立了。有的新妈妈此时会觉得时间很紧张，整天忙忙碌碌的，哪有时间锻炼啊！当新妈妈不能按时锻炼时，家人可提醒新妈妈，督促她坚持锻炼。

吃粗粮

坐好月子
3 件事

不吃油炸
食物

三餐一定要吃

燕麦糙米糊

- **原料：** 燕麦 40 克，糙米 30 克，黑芝麻粉 20 克，红枣 15 克，枸杞子、冰糖各适量。

- **做法：** ❶ 糙米淘洗干净，浸泡 10 小时。❷ 枸杞子、燕麦洗净；红枣洗净，去核。❸ 除冰糖外的所有材料倒入豆浆机中，加水至上下水位线之间。❹ 煮好后倒出，加冰糖调味即可。

翡翠豆腐羹

- **原料：** 猪瘦肉丁 40 克，小白菜、豆腐各 50 克，鸡汤、葱末、水淀粉、盐各适量。

- **做法：** ❶ 小白菜洗净，剁碎；豆腐切丁。❷ 锅中倒油烧热，下葱末煸炒出香味后，放入猪瘦肉丁略炒；倒入小白菜、豆腐丁，再加鸡汤烧开。❸ 加盐调味，用水淀粉勾芡，待汤汁黏稠时即可。

猪骨菠菜汤

- **原料：** 猪骨 150 克，菠菜 50 克，盐、火腿条适量。

- **做法：** ❶ 猪骨斩段，放入沸水中余一下，捞出沥水。❷ 菠菜洗净，切成段。❸ 将猪骨放入锅内，加适量清水，熬成浓汤。❹ 锅中放入菠菜、火腿条，煮熟后加盐调味即可。

第七章
产后第 5~6 周

新妈妈的身体变化

乳房	在哺乳期要避免体重增加过多，因为肥胖也会促使乳房下垂。在这一关键时期，一定要穿戴胸衣，同时要注意乳房卫生，防止发生感染。停止哺乳后更要注意乳房呵护，以防乳房突然变小使下垂加重
胃肠	基本上没有什么不适感，瘦身食谱的使用，令胃肠变得很轻松
子宫	子宫体积已经慢慢收缩到原来的大小，子宫已无法摸到，产后第5周如恶露仍不净，就要当心留意是否是子宫复旧不全、子宫迟迟不入盆腔而导致的恶露不净
伤口及疼痛	到了42天与宝宝一起去做产后检查时，才想到伤口上的痛，估计那只是心理上的条件反射罢了
恶露	上一周恶露已经完全消失，有些新妈妈开始来月经了。产后首次月经的恢复及排卵的时间都会受哺乳影响，不哺乳的妈妈通常在产后6~10周就可能出现月经，而哺乳妈妈一般会延迟
排泄	产后1个月开始有意识地加强瘦身锻炼，新妈妈会发现，排便的次数会增加，但没有腹泻症状，那是奇妙的瘦身食材在发挥作用

5~6 第周

Q&A
多久可以恢复性生活？

产后很多夫妻都会考虑这个问题，这需要看女性性器官在分娩后的恢复状况。正常分娩，最先恢复的是外阴，需 10 余天；其次是子宫，子宫在产后 42 天左右才能恢复正常大小；再次是子宫内膜，子宫内膜表面的创面在产后 56 天左右才能完全愈合；最后是黏膜，需要 1 个月以上。因此正常分娩后的 56 天内不能过性生活。

对于剖宫产或顺产过程中借助产钳、会阴侧切等方式助产的新妈妈，性生活则需相应推后。剖宫产最好在分娩 3 个月后过性生活，产钳及有缝合术者，应在伤口愈合、瘢痕形成后，约产后 70 天再过性生活。

饮食调养方案

重质不重量，严控脂肪摄取

对于摄入热量或营养所需量不甚了解的新妈妈，一定要遵循控制食量、提高品质的原则，尽量做到不偏食、不挑食。为了达到产后瘦身的目的，一定要按需进补，积极运动。

怀孕期间，新妈妈为了准备生产及哺乳而储存了不少的脂肪，再经过产后 4 周的滋补，又给身体增加了不少负荷，此时若吃过多含油脂的食物，乳汁会变得浓稠，乳腺也容易阻塞，对于产后的瘦身也非常不利。

控制外出用餐次数

宝宝满月了，亲朋好友都要庆贺一下，新妈妈经过一个月的休整也可以外出就餐了，一定要注意控制外出用餐次数。大部分餐厅提供的食物，都会多油、多盐、多糖、多调料，不太适合新妈妈进补的要求。如不得不在外面就餐时，饭前应喝些清淡的汤，减少红色肉类的摄入，用餐时间控制在 1 小时之内。

不宜过量吃坚果

大多数坚果有益于新妈妈的身体健康，坚果中富含蛋白质、脂肪、碳水化合物，还含有多种维生素、矿物质和膳食纤维等。另外，还含有单、多不饱和脂肪酸，包括亚麻酸、亚油酸等人体必需的不饱和脂肪酸。

坚果的营养价值很高，但油性比较大，而产后新妈妈的消化功能相对减弱，因此过量食用坚果很容易引起消化不良。坚果的热量很高，50 克瓜子仁中所含的热量可相当于一碗米饭，所以，新妈妈每天食用坚果 20~30 克即可，如果食用过量，多余的热量就会在体内转化成脂肪，使新妈妈发胖。

三明治：三明治可以根据自己的喜好加些水果、蔬菜、沙拉等，也可以加点儿鸡肉，总之，适合你的口味就行。

寿司：寿司有不同的口味，酸甜的、鲜香的都很适合做新妈妈的早餐。

南瓜子：南瓜子可以有效地缓解产后手脚水肿的问题，但不宜多吃，每次吃1把即可。

 银耳汤：银耳富含天然植物性胶质，有很强的滋阴润肤作用，并有淡化脸上色斑的功效。

 麻酱烧饼：麻酱烧饼具有补钙的作用，香香的麻酱搭配青菜，可以使新妈妈吃得更香。

 玉米饼：玉米饼嚼起来有丝丝的甜味，而且松软可口，最主要的是它还是营养丰富的粗粮，新妈妈吃玉米饼既营养又瘦身。

产后第 5~6 周一日食谱推荐					
早餐	加餐	午餐	加餐	晚餐	加餐
1 碗黄芪橘皮红糖粥 +1 块三明治 /1 份寿司	几个栗子 +1 杯牛奶 /1 碗银耳汤	1 碗三鲜汤面 +1 份清炒油菜 + 半个麻酱烧饼	1 个橙子 +1 把南瓜子	1 碗丝瓜粥 +1 个玉米饼 + 半份鸡丝腐竹拌黄瓜	1 碗草莓牛奶粥
开胃的粥品可以使新妈妈早餐时更有食欲，搭配三明治或寿司，可以使新妈妈吃得更好、更营养。早上喝粥时，最好吃点主食，可以使整个上午都能量满满	如果早餐吃得少，加餐时可以适当摄入碳水化合物含量高的食物，如栗子等	午餐可以吃热热的面条，不仅养胃，还可出汗排毒。面条中菜比较少、面也比较少时，可以加一些副食。午餐一定要注意干稀搭配、荤素搭配的原则	下午可以吃 1 把南瓜子轻松一下，再吃一些水果，有助于润燥，还利于消化食物	晚餐除了喝粥，还要吃点儿清爽的小菜，如果怕晚上太饿，可以吃点主食。晚餐不要吃得太饱，八分饱为宜	睡觉前饿了，可以喝碗草莓牛奶粥，果香和奶味混合在一起，可为新妈妈制造一个甜蜜的睡觉氛围，喝完后一定要刷牙或漱口才可以睡

第 5~6 周坐月子炖补食材

宜 吃养颜、抗抑郁的食物

产后 5~6 周，新妈妈可适时增加一些养颜食材，为健康和美丽加分。而且随着身体的逐渐恢复，新妈妈不得不考虑诸如照顾宝宝、恢复体形、重回职场等一系列问题，易导致情绪不稳。选对食物能起到安神、改善忧郁的功效。

养颜美容汤，让你皮肤好，心情也好。

宜吃关键词 ➤ 富含天然植物胶质

银耳具有强精、补肾、润肠、益胃的功效。银耳中富含的天然植物胶质，还能使新妈妈气色更好，皮肤更白皙。银耳还是富含膳食纤维的减肥食物，可减少脂肪吸收，对于产后便秘的新妈妈会有一定的帮助作用。

宜吃关键词 ➤ 养肝明目

枸杞子含有枸杞多糖、多种氨基酸、矿物质、维生素等化学成分，具有滋补肝肾，益精明目的功效，还有调节人体免疫功能、清除机体自由基、补血益气的功能。

宜吃关键词 ➤ 消除皮肤沉着

柠檬富含维生素 C、柠檬酸、苹果酸等有益营养素，可达到控制食欲、减肥的功效。柠檬中的维生素还是美容的天然佳品，能防止和消除皮肤色素沉着，具有美白的作用。

➤ 银耳 ➤ 莲藕 ➤ 枸杞子 ➤ 黄瓜 ➤ 柠檬 ➤ 南瓜

宜吃关键词 ➤ 排毒养颜

莲藕富含淀粉、蛋白质、B 族维生素、维生素 C 等营养成分，生食能凉血散淤，熟食能补心益肾，可以补五脏之虚，强壮筋骨，滋阴养血，同时还能利尿通便，帮助排出体内的废物和毒素。

宜吃关键词 ➤ 抑制糖类转化为脂肪

黄瓜中含有一种叫丙醇二酸的物质，它有抑制糖类转化为脂肪的作用，因此，新妈妈适当吃些黄瓜具有不增重的作用。另外，黄瓜还有一种特殊的美容功能，其含有的丰富的钾盐和胡萝卜素，有淡化色斑、美白皮肤的功效。

宜吃关键词 ➤ 利于皮肤健康

南瓜富含锌，有益皮肤和指甲的健康，其中抗氧化剂 β - 胡萝卜素具有护眼、护心和抗癌功效。南瓜中含有的果胶有很强的吸附性，能粘结和消除体内细菌毒素和其他有害物质，如重金属中的铅、汞和放射性元素，起到解毒的作用。

忌 吃生食和隔夜食物

有些人为了尝鲜，会选择吃一些生的食物。新妈妈最好不要吃生食，因为生食自身带有一些特殊的细菌，容易致病，还有的食物生食后可能中毒。过夜的食物也不宜吃，会引起中毒症状，尤其是一些特殊的食物，隔夜后会成为"毒药"。

忌吃关键词 ▶ 造成维生素 B₁ 缺乏

以生鱼、生贝为原料的刺身是不宜多吃的，因为鱼、贝的肉中含有一种叫做"抗硫胺素因子"的成分，如果大量进食生鱼和生贝，可造成硫胺素（维生素 B₁）缺乏。

忌吃关键词 ▶ 带有细菌、真菌

隔夜茶因放置时间过久，维生素大多已丧失，且茶汤中的蛋白质、糖类等会成为细菌、真菌繁殖的养料，所以，新妈妈最好不要喝隔夜茶。

忌吃关键词 ▶ 损伤肝、肾

鱼和海鲜隔夜后易产生蛋白质降解物，会损伤肝、肾功能。而且海鲜隔夜后，没有完全经高温杀掉的细菌会自然再生或者重新恢复活动，这对于新妈妈的健康非常不利。

生鱼片 ▶ 生牛肉 ▶ 隔夜茶 ▶ 隔夜银耳汤 ▶ 隔夜海鲜 ▶ 隔夜蔬菜

忌吃关键词 ▶ 易感染病菌

三分或五分熟的牛排，新妈妈尽量少吃，因为未熟的牛肉含有病菌，长期吃易导致肠癌，而且生牛肉就是致癌感染源。所以新妈妈一定要吃熟透的牛肉，少吃烤肉或涮肉，最好吃炖制的牛肉。

忌吃关键词 ▶ 影响正常造血功能

银耳汤是一种高级营养补品，但一过夜，营养成分就会减少并产生有害成分——亚硝酸盐。新妈妈喝了这种汤，亚硝酸盐就自然地进入血液循环，使人体中正常的血红蛋白氧化成高铁血红蛋白，丧失携带氧气的能力，造成人体缺乏正常的造血功能。

忌吃关键词 ▶ 产生致病的亚硝酸盐

隔夜蔬菜不仅没有"色相"，还丧失了大量营养，并会产生致病的亚硝酸盐。亚硝酸盐能使血液中正常携氧的低铁血红蛋白氧化成高铁血红蛋白，因而失去携氧能力而引起组织缺氧。另一个原因是在放置时受到了外来细菌的二次污染，食用后可能会引起腹泻等一系列症状。

第 29~30 天

哺乳妈妈

牛肉、鸡肉是新妈妈恢复元气的不错选择，最好配合着萝卜、芦笋等蔬菜同食，这样不仅能提高免疫力，强身健体，还能补充肉类所缺少的维生素。哺乳妈妈在饮食上还要注意多食用促进泌乳的食物，在生活上也要注意乳房的清洁卫生，以防止乳腺炎的发生。当哺乳妈妈慢慢形成了泌乳规律，有了宝宝的生活也会越来越得心应手。

肉末菜粥

- **原料：** 大米 80 克，猪肉末 50 克，青菜、葱花、姜末、盐各适量。

- **做法：** ❶ 将大米淘洗干净，放入锅内，加入水，用大火烧开后，转小火煮透，熬成粥。❷ 将肉末放入锅中炒散，放入葱花、姜末炒匀。❸ 将青菜切碎，放入锅中与肉末拌炒均匀，加盐调味。❹ 粥盛出，将炒好的肉末和青菜放入粥上即可。

何首乌红枣大米粥

- **原料：** 大米、何首乌各 30 克，红枣 10 颗。

- **做法：** ❶ 红枣洗净，备用；大米洗净，用清水浸泡 30 分钟，备用。❷ 何首乌洗净，切碎，按何首乌与清水 1:10 的比例，将何首乌放入清水中浸泡 2 小时。❸ 浸泡后用小火煎煮 1 小时，去渣取汁，备用。❹ 再将大米、红枣、何首乌汁一同放入锅内，小火煮成粥即可。

豆芽炒肉丁

- **原料：** 豆芽 100 克，猪肉 150 克，高汤、盐、酱油、白糖、葱段、姜片、水淀粉各适量。

- **做法：** ❶ 将豆芽洗净去皮，沥水；猪肉洗净，切丁，用水淀粉抓匀上浆。❷ 将肉丁放入锅中翻炒。❸ 锅中放入葱段、姜片，放入豆芽、酱油略炒，再放入白糖，加高汤、盐，用小火煮熟，放入肉丁炒匀，再用水淀粉勾芡即可。

经常伸展
腰背

**坐好月子
3 件事**

2 忌烟酒

3 不宜饥饿
时哺乳

* **照护建议：不宜给新妈妈吃生蛋**

　　食用鸡蛋要讲究方法，才能使营养被充分吸收。生鸡蛋不可以吃，因为它难消化，易受细菌感染；鸡蛋煮得过老会使蛋白质结构紧密而不易消化，吃了这样的鸡蛋会使新妈妈脾胃不适，产生打嗝、烦躁不安的情况。

三鲜汤面

- **原料：** 面条 50 克，鸡肉 30 克，虾肉 20 克，香菇 2 个，海参 1 个，盐、酱油各适量。

- **做法：** ❶ 虾肉、鸡肉、香菇洗净，均切成条；海参泡发，处理干净，切条。❷ 面条煮熟。❸ 油锅烧至七成热，放入虾肉、鸡肉、香菇、海参翻炒，加酱油、盐和适量水，炒熟后浇在面条上即可。

栗子鳝鱼煲

- **原料：** 鳝鱼 200 克，栗子 20 克，葱段、姜片、盐各适量。

- **做法：** ❶ 鳝鱼去内脏，洗净后用热水烫去黏液。❷ 将鳝鱼切成 4 厘米长的段，放盐拌匀，备用。❸ 栗子洗净去壳，备用。❹ 将鳝鱼段、栗子、葱段、姜片一同放入锅内，加清水煮沸后，转小火再煲 1 小时。❺ 出锅时加入盐调味即可。

丝瓜虾仁糙米粥

- **原料：** 丝瓜、糙米各 50 克，虾仁 40 克，盐适量。

- **做法：** ❶ 将糙米清洗后加水浸泡约 1 小时。❷ 将糙米、虾仁一同放入锅中，加入 2 碗水，用中火煮 15 分钟呈粥状。❸ 丝瓜洗净切段，放入粥内略煮，加适量盐调味即可。

产后非哺乳妈妈也要做到荤素搭配，避免偏食，以免导致某些营养素缺乏，让自己的体质下降。所以，富含蛋白质及钙、磷、铁等矿物质的食物要多食用。非哺乳妈妈还要多吃一些抗疲劳、增强体质的食物，牛肉、鸭肉、蘑菇都是不错的选择。

莲子薏米煲鸭汤

- **原料：** 鸭肉 150 克，莲子 10 克，薏米 20 克，葱段、姜片、百合、料酒、白糖、盐、彩椒丝各适量。

- **做法：** ❶ 鸭肉切成块，放入开水中余一下捞出放入锅中。❷ 在锅中依次放入葱段、姜片、莲子、百合、薏米，再加入料酒、白糖，倒入适量开水，用大火煲熟。❸ 待汤煲好后出锅时加盐调味，彩椒丝点缀即可。

红豆山药粥

- **原料：** 红豆、薏米各 20 克，山药 1 根，燕麦片适量。

- **做法：** ❶ 红豆和薏米洗净后，放入锅中，加适量水，用中火烧沸，煮两三分钟，关火，焖 30 分钟。❷ 山药削皮，洗净切小块；燕麦片切碎。❸ 将山药块和燕麦片倒入锅中，用中火煮沸后，关火，焖熟即可。

嫩炒牛肉片

- **原料：** 牛肉 250 克，葱段、姜丝、香油、酱油、料酒、水淀粉、盐各适量。

- **做法：** ❶ 牛肉切成薄片，放在碗里，加适量水淀粉抓拌均匀。❷ 将牛肉片放入锅中，用筷子划开炒熟，之后放入葱段、姜丝、料酒、酱油、盐、翻炒几下，用水淀粉勾芡，淋上香油即可。

* 照护建议：不要给新妈妈吃鹿茸

  产妇在产后容易阴虚亏损、阴血不足、阳气偏旺，如果服用鹿茸会导致阳气更旺，阴气更损，造成阴道不规则流血。所以家人不宜给新妈妈服用鹿茸，如果身体虚弱，可以在中医指导下服用一些适宜的药膳或保健品调理体质。

坐好月子
3 件事

1 不吃消夜

2 不宜饥饱不一

3 不要熬夜

鸡丝腐竹拌黄瓜

- **原料：** 鸡胸肉 1 块，腐竹 50 克，黄瓜、葱段、姜片、蒜蓉酱各适量。

- **做法：** ❶ 鸡胸肉洗净；腐竹用温水泡开，切段；黄瓜洗净切丝。❷ 锅中放入适量清水，放进葱段和姜片；水沸后把鸡肉放入，余熟，冷却后撕成细丝。❸ 将腐竹、黄瓜丝、鸡丝放入盘中。❹ 将蒜蓉酱爆香，加水沸腾后浇在盘中。

丝瓜虾皮粥

- **原料：** 丝瓜 1 根，大米 30 克，虾皮、盐各适量。

- **做法：** ❶ 将丝瓜去皮、瓤，切成块；大米、虾皮洗净，备用。❷ 将大米放入锅中，加适量清水，放入丝瓜、虾皮，用大火烧沸。❸ 改用小火煮至粥状，加入盐调味即可。

胡萝卜蘑菇汤

- **原料：** 胡萝卜 100 克，香菇、西蓝花各 30 克，盐适量。

- **做法：** ❶ 胡萝卜去皮切成片；香菇洗净去蒂切片；西蓝花掰成小朵后洗净，备用。❷ 将胡萝卜、香菇、西蓝花一同放入锅中，加适量清水用大火煮沸，转小火将胡萝卜煮熟。❸ 出锅时加入盐调味即可。

第 31~33 天

哺乳妈妈在恢复体力的同时，也不能忘了通乳，使自己和宝宝都健康。哺乳妈妈也要记得常喝水，尤其运动后，大量排汗会使体内水分减少，不喝水容易口干舌燥引起上火。运动后不宜立即哺喂宝宝，最好休息 1 小时左右再哺乳。

草莓牛奶粥

- **原料**：草莓 10 个，香蕉 1 根，大米 80 克，牛奶 250 毫升。

- **做法**：❶ 草莓去蒂，洗净，切块；香蕉去皮，放入碗中碾成泥；大米洗净。❷ 将大米放入锅中，加适量清水，大火煮沸。❸ 然后放入草莓、香蕉泥，同煮至熟，倒入牛奶，稍煮即可。

芦笋鸡丝汤

- **原料**：芦笋、鸡胸肉各 100 克，金针菇 20 克，蛋清、高汤、淀粉、盐、香油、彩椒丝各适量。

- **做法**：❶ 鸡胸肉切长丝，用蛋清、盐、淀粉拌匀腌 20 分钟。❷ 芦笋洗净，切成长段；金针菇洗净沥干。❸ 鸡肉丝先用开水烫熟，见肉丝散开即捞起沥干。❹ 锅中放高汤，加鸡肉丝、芦笋、金针菇同煮，待熟后加盐，淋上香油，放上彩椒丝即可。

清炒油菜

- **原料**：油菜 400 克，蒜瓣 3~5 个，盐、白糖、水淀粉各适量。

- **做法**：❶ 油菜洗净，沥干水分；蒜切蓉。❷ 油锅烧热，放入蒜蓉爆出香味。❸ 油菜下锅炒至三成熟，在菜根部撒少许盐。❹ 炒匀至六成熟，加少许白糖，淋入水淀粉勾芡，即成（冬天大棚种的油菜水分多，要加糖勾芡，可以防止水分溢出）。

＊ 照护建议：准备一个柔软而舒服的大靠垫

　　每天新妈妈喂奶时间在延长，坐的时间比较多，细心的家人应该给新妈妈准备一个柔软而舒服的大靠垫，避免因久坐而腰酸背痛。家人也可以为哺乳妈妈准备一个专门的哺乳座椅，坐在上面轻松又舒服。

坐好月子
3 件事

1 忌病重时哺乳

2 发怒时不哺乳　3 不偏食不挑食

牛肉萝卜汤

- **原料**：牛肉、白萝卜各 100 克，香菜末、酱油、香油、盐、葱末、姜末各适量。

- **做法**：❶ 将白萝卜洗净，切片；牛肉洗净切块，放入碗内，加酱油、盐、香油、葱末、姜末入味。❷ 锅中放入适量开水，先放入白萝卜片，煮沸后放入牛肉块。❸ 牛肉块煮熟后加盐调味，撒上香菜末即可。

薏米西红柿炖鸡

- **原料**：薏米 50 克，鸡腿 1 个，西红柿 1 个，盐、香菜叶、彩椒丝各适量。

- **做法**：❶ 薏米洗净，放入锅中，加适量水，用大火煮沸后转小火熬 30 分钟。❷ 鸡腿洗净，剁成块，放入沸水中汆烫捞起；西红柿去皮，切成块状。❸ 将鸡块、西红柿加入薏米中，转大火煮沸后再转小火炖至鸡肉熟烂，加盐调味，加香菜叶、彩椒丝点缀即可。

豆豉羊髓粥

- **原料**：熟羊髓 30 克，大米 20 克，豆豉、薄荷、葱段、姜片、盐各适量。

- **做法**：❶ 大米洗净，浸泡 30 分钟。❷ 锅内放入葱段、姜片、豆豉，用清水煮沸；稍后放入薄荷，稍煮后去渣取汁。❸ 用豆豉薄荷汁煮大米，至大米熟透后，放入羊髓。❹ 出锅时放入盐调味即可。

非哺乳妈妈在补虚的同时仍然要进行补血，海参、猪肝、木耳、乌鸡都应食用，同时还要适当吃些水果，补充全面的营养。非哺乳妈妈可以吃些含有膳食纤维的食物，以防止便秘。非哺乳妈妈在身体恢复得不错的情况下，可以从饮食和运动两方面达到瘦身的效果。

海参可以稍微煮的时间长一些，这样吃起来口感会更绵软。

海参当归补气汤

- **原料：** 海参 50 克，黄花菜 30 克，当归、百合、姜丝、盐各适量。

- **做法：** ❶ 先用热水将海参泡发，取出内脏，放入锅中煮一会儿，捞出，沥干水；黄花菜泡好，沥干，备用。❷ 锅中爆香姜丝，放入泡好的黄花菜、当归，加入适量清水煮沸。❸ 最后加入百合、海参，用大火煮透后，加入盐调味即可。

- **营养功效：** 这道汤具有固本补气、补肾益精的功效。

产后初期运动要量力而行

有的新妈妈为了尽快减肥瘦身，在运动初期就加大运动量，这么做是不合适的，运动量过大或较剧烈的运动方式会影响尚未康复的器官恢复，尤其对于剖宫产的新妈妈，剧烈运动还会影响剖宫产刀口的愈合。

＊ 照护建议：让新妈妈去放松一下

自从生下宝宝后，照顾宝宝、恢复身体的这段时间让新妈妈感觉很压抑，有时候会感觉生活真无聊。家人可以鼓励新妈妈与朋友聊聊天，或者给新妈妈放一天假，让新妈妈美美地出去玩一天。但新妈妈外出时不能穿高跟鞋，可以穿运动服或者着裙装。

坐好月子
3 件事

1 不宜长时间逛街

2 睡前清洁皮肤

3 早睡早起

羊肝萝卜粥

- **原料：** 羊肝、胡萝卜各 50 克，大米 30 克，料酒、葱花、姜末、盐各适量。

- **做法：** ❶ 羊肝洗净，切片；胡萝卜洗净，切丁；羊肝用料酒、姜末腌 10 分钟。❷ 羊肝倒入锅中，用大火略炒。❸ 将大米熬成粥后加入胡萝卜丁，焖 15~20 分钟，再加入羊肝，放入盐和葱花即可。

玉竹百合苹果羹

- **原料：** 玉竹、百合各 20 克，红枣 7 颗，陈皮 6 克，苹果 1 个，猪瘦肉 50 克。

- **做法：** ❶ 将所有材料洗净，苹果去核，切块；猪瘦肉切末。❷ 锅中放适量水，放入玉竹、百合、陈皮、苹果、红枣，煮开时下猪瘦肉，用中火煮约 2 小时即可。

豆芽木耳汤

- **原料：** 黄豆芽 100 克，木耳 10 克，西红柿 1 个，高汤、盐各适量。

- **做法：** ❶ 黄豆芽洗净；西红柿的外皮轻划十字刀，放入沸水中烫熟，取出泡冷水去皮，切块；木耳泡发后切条。❷ 锅中放入豆芽翻炒，加入高汤，放入木耳、西红柿，用中火煮熟，加入盐调味即可。

第 34~37 天

哺乳妈妈可以适当瘦身了，不过不能过度劳累或强制减肥。产后瘦身也需要吃一些水果，如香蕉、苹果、甜橙。香蕉的脂肪很低，可以帮助瘦腿；苹果可以提高脂肪代谢的速度，减少下身的脂肪；甜橙含有丰富的维生素，不含脂肪。

藕拌黄花菜

• **原料：** 莲藕 100 克，黄花菜 30 克，盐、葱花、高汤、水淀粉各适量。

• **做法：** ❶ 将莲藕洗净，切片，放入开水锅中略煮一下，捞出。❷ 黄花菜用冷水泡后，洗净，沥干。❸ 将葱花爆香，然后放入黄花菜煸炒，加入高汤、盐，炒至黄花菜熟透。❹ 用水淀粉勾芡后出锅。❺ 将藕片与黄花菜略拌即可。

菠菜玉米粥

• **原料：** 菠菜 50 克，玉米碴 100 克。

• **做法：** ❶ 将菠菜切碎，备用；玉米碴放入碗中，加入少量凉水，拌匀。❷ 锅中放入适量水，待水开之后，放入搅拌均匀的玉米碴。❸ 粥熬上两三分钟，放入切好的菠菜，开锅即可。

玉米干贝粥

• **原料：** 大米 50 克，干贝 10 克，猪肉 30 克，玉米粒、胡萝卜、盐各适量。

• **做法：** ❶ 胡萝卜切丝；猪肉剁成肉末；干贝泡软撕成丝。❷ 把大米和玉米粒一同放入锅中煮成粥。❸ 加入胡萝卜丝、猪肉末和干贝丝，煮熟后加盐调味即可。

＊照护建议：轻度感冒无需用药

　　新妈妈患有轻度感冒，仅有打喷嚏及轻度咳嗽时，无需用药。可以在戴口罩的情况下继续喂奶。家人还可以给新妈妈做食疗餐——葱白粥。准备好大米 50 克，葱白、白糖各适量，先将大米放入锅中，加水煮至将熟时，放入葱白 2 段，继续煮 6 分钟，出锅加白糖调匀即可。

坐好月子
3 件事

夏天增加
饮水量

不宜在空调
房久待

不穿过紧的胸罩

山药白萝卜粥

● **原料：** 大米 50 克，山药、白萝卜各 20 克。

● **做法：** ❶ 将山药、白萝卜去皮，洗净，切成小块；大米洗净。❷ 将大米、白萝卜、山药一同放入锅中，加入适量清水，用大火烧沸，再改用小火煮至米粥熟即可。

凉拌魔芋丝

● **原料：** 魔芋丝 200 克，黄瓜 80 克，芝麻酱、酱油、醋、盐各适量。

● **做法：** ❶ 黄瓜洗净，切丝；魔芋丝用开水烫熟，晾凉。❷ 芝麻酱用水调开，加适量的酱油、醋、盐调成小料。❸ 将魔芋丝和黄瓜丝放入盘内，倒入小料，拌匀即可。也可放入适量辣椒、香菜调味。

海带烧黄豆

● **原料：** 海带 80 克，黄豆、红椒丁各 30 克，高汤、盐、葱末、水淀粉、香油各适量。

● **做法：** ❶ 海带洗净，切丝；黄豆洗净，浸泡。❷ 海带和黄豆分别焯透、捞出。❸ 锅中放油，葱末煸出香味，放入海带，加高汤、黄豆煮熟。❹ 加入盐，收汁，加入红椒丁，用水淀粉勾芡，淋香油。

经过三十多天的滋补与调养，新妈妈的身体恢复得越来越好。但是，此时还不是大力减肥的时候，还需要进一步加强体质，所以，非哺乳妈妈还需要定时定量进餐，全面补充营养。此时，饮食上要选择清淡、易消化的食物，水果蔬菜都要适当食用。

猪肝菠菜粥

- **原料：** 大米、猪肝各 30 克，菠菜 50 克，盐、姜丝、葱花各适量。

- **做法：** ❶ 大米淘洗干净，浸泡半小时后捞出沥干；猪肝洗净，切成丁；菠菜洗净，切段。❷ 锅内倒入适量清水，放入大米，用大火煮沸，然后改用小火煮成稀饭。❸ 放入猪肝、菠菜、姜丝、葱花，加盐调好味，继续煮至猪肝熟透即可。

- **营养功效：** 这是一份补肝、明目、养血的粥品。

弯腰时不可用力过猛

　　新妈妈在拿取物品时，注意动作不要过猛。取东西时要靠近物体，避免姿势不当拉伤腰肌。避免提过重的物体或举物体过高。腰部不适时举起宝宝或举其他东西时，尽量利用手臂和腿的力量，腰部少用力。

猪肝和菠菜一起煮粥补铁补血效果更强。

* 照护建议：避免长时间久站

　　如果非哺乳的新妈妈一定要做些家务活的话，要避免马上干一些类似做饭、洗衣服等需要长时间站立的活。如果是想活动活动，厨房温度又适宜，可在产后第 4 周起，在护理人员的帮助下一点一点开始做起。洗衣服的话要等到第 5 周以后才可以进行。

坐好月子
3 件事

1 注意控制体重
2 外出要防晒
3 不饮用咖啡

蘑菇瘦肉豆腐羹

• 原料：香菇、猪瘦肉各 50 克，豆腐 100 克，胡萝卜、盐、高汤、香油、淀粉、葱花、姜末各适量。

• 做法：❶ 香菇洗净后切开；猪瘦肉、胡萝卜洗净切片；豆腐洗净切块。❷ 香油烧热后，加入葱花、姜末爆香，放入猪瘦肉、香菇翻炒，加入盐、高汤，放入豆腐、胡萝卜。❸ 熟后用淀粉勾芡即可。

南瓜牛肉汤

• 原料：南瓜 50 克，牛肉 100 克，盐适量。

• 做法：❶ 南瓜洗净，去皮，切成块，备用。❷ 牛肉洗净后切成块，放入沸水中余变色后捞出，备用。❸ 锅中放入适量清水，用大火煮开以后，放入牛肉和南瓜，煮沸，转小火煲熟，加盐调味即可。

小米鸡肝粥

• 原料：鸡肝 30 克，小米、大米各 50 克，葱末、姜末、料酒、盐、香油各适量。

• 做法：❶ 小米、大米淘洗干净；鸡肝冲洗干净，切成末，放入碗内，加入盐、葱末、姜末、拌匀。❷ 锅中放入小米、大米，加清水，熬煮至粥将成时，加入鸡肝，煮熟后加入盐调味，淋上香油即可。

第 38~39 天

此时新妈妈的饮食需要定时定量，既要保证自己营养的需求，又要保证喂养宝宝的乳汁营养丰富。新妈妈可以适当喝一些鸡汤，多食用香菇、豆腐，既可以提高免疫力，又不会使脂肪堆积体内。哺乳妈妈外出感觉乳胀时，可以适当用吸奶器吸出一些乳汁，也可以用手挤出乳汁，以免造成乳腺炎。

滑蛋牛肉粥

- **原料：** 牛肉、大米、糯米各 30 克，鸡蛋黄 1 个，香菇、葱花、姜片、酱油、香油、盐各适量。

- **做法：** ❶ 将大米、糯米洗净后用清水浸泡；牛肉洗净切小丁；香菇洗净切末。❷ 砂锅中加适量水煮开，加入大米、糯米，煮至米粒开花。❸ 加入姜片、香菇和牛肉，放入盐、蛋黄、葱花。❹ 稍煮片刻，倒入酱油、香油，煮沸即可。

白菜排骨汤

- **原料：** 排骨 100 克，白菜 150 克，盐、葱花、姜末、香菜段、醋各适量。

- **做法：** ❶ 排骨斩成段，沸水中余一下；白菜切成丝。❷ 锅中倒入清水、醋，放入排骨，大火煮沸后改小火炖烂。❸ 捞出排骨，剔除骨头后，肉切碎，将肉再倒入锅中，加入白菜丝、葱花、姜末、香菜段、盐，煮沸即可。

竹荪红枣茶

- **原料：** 竹荪 50 克，红枣 6 颗，莲子 10 克，冰糖适量。

- **做法：** ❶ 竹荪用清水浸泡 1 小时后，剪去两头，洗净泥沙，放在热水中煮 1 分钟，捞出，沥干水分，备用。❷ 莲子洗净去心，红枣洗净，去掉枣核，枣肉备用。❸ 将竹荪、莲子、红枣肉一起放入锅中，加清水大火煮沸后，转小火再煮 20 分钟，出锅前加入冰糖即可。

* 照护建议：哺乳妈妈不宜吃的药

抗生素，如红霉素、氯霉素、庆大霉素、甲硝唑等；镇静催眠药，如苯巴比妥、安定、氯丙嗪等；镇痛药，如吗啡、可待因、美沙酮等；抗甲状腺药，如碘剂、甲巯咪唑、硫氧嘧啶等；抗肿瘤药，如氟尿嘧啶等。必须服用时，一定要在医生的指导下进行，并应暂停哺乳。

坐好月子
3 件事

1 洗澡后不要马上哺乳
2 用药之前看说明
3 不让宝宝叼着奶头睡

丝瓜豆腐鱼头汤

- **原料：** 胖头鱼鱼头 1 个，丝瓜、豆腐各 100 克，姜片、盐各适量。

- **做法：** ❶ 丝瓜去角边，洗净切角形；鱼头洗净，劈成两半；豆腐用清水略洗，切长片。❷ 将鱼头和姜片放入锅中，注入适量清水，用大火烧沸，煲 10 分钟。❸ 放入豆腐和丝瓜，再用小火煲 15 分钟，加盐调味即可。

枸杞核桃豆浆

- **原料：** 核桃仁 15 克，枸杞子 20 克，黄豆 60 克。

- **做法：** ❶ 将黄豆用水浸泡 10~12 小时，捞出洗净；枸杞子、核桃仁均洗净。❷ 把上述食材放入豆浆机中，加水至上下水位线之间，启动豆浆机；待豆浆制作完成，滤出即可。

雪菜豆腐汤

- **原料：** 雪菜、豆腐各 50 克，虾仁、高汤、葱花、盐、香油各适量。

- **做法：** ❶ 雪菜洗净，切成末；豆腐切成块状，放入清水中；虾仁洗净，切好，备用。❷ 将葱花爆香，放入雪菜翻炒片刻，加入适量高汤，煮沸后放入豆腐块，烧至豆腐块浮起时，放入虾仁煮熟，加入盐、香油即可。

非哺乳妈妈此时不宜吃得太多，因为吃得太多，多余的营养就会积存在妈妈体内，使体重不断增加。此时，非哺乳妈妈可在减少正餐摄入的情况下，补充一些水果，并坚持自己的瘦身运动计划，这样身体也会恢复得棒棒的，并为以后独立照顾宝宝准备良好的身体条件。

非哺乳妈妈

什锦海鲜面

- **原料：** 面条 50 克，虾 2 只，鱿鱼 1 只，三文鱼肉 20 克，香菇 2 朵，葱花、香油、盐各适量。

- **做法：** ❶ 虾洗净，挑出虾线，去壳取虾仁；鱿鱼切片，切花刀。❷ 香油倒入锅中烧热，放葱花炒香，之后放入香菇和适量水煮开。❸ 将鱿鱼、虾仁放入锅中煮熟，加盐调味后盛入碗中。❹ 面条用开水煮熟，捞起放入碗里即可。

- **营养功效：** 可健脾、暖胃。

早晨喝水，养生又瘦身

　　新妈妈每天晨起后喝 1 杯白开水，不仅养生还能瘦身。我们在夜晚睡觉的时候，身体在消化、呼吸的过程中消耗了体内大量的水分，早上起床后，人的身体会处于生理性的缺水状态，所以早晨及时补充水分，对身体很有好处。

鱿鱼、三文鱼与面条搭配食用，有补充脑力、健脾和胃的双重功效。

* 照护建议：恶露未净时绝对禁止性生活

产褥期恶露未净时绝对禁止性生活。因为阴道出血，标志子宫内膜创面未愈合，同房时会带入致病菌，引起严重的产褥感染，甚至发生致命的产后大出血。同时，在产道伤口尚未彻底修复前同房，可导致伤口的愈合延迟，不仅感觉疼痛，还会导致继发感染，甚至使伤口裂开。

制订瘦身计划

坐好月子3件事

不可过度节食   做有氧运动

红薯山楂绿豆粥

- **原料**：红薯 100 克，山楂末 10 克，绿豆粉 20 克，大米 30 克，白糖适量。

- **做法**：❶ 红薯去皮洗净，切成小块，备用。❷ 大米洗净后放入锅中，加适量清水用大火煮沸。❸ 加入红薯煮沸，改用小火煮至粥将成，加入山楂末、绿豆粉煮沸，煮至粥熟透加白糖即可。

韭菜炒豆芽

- **原料**：新鲜韭菜 50 克，绿豆芽 200 克，葱丝、蒜片、花椒、盐、醋各适量。

- **做法**：❶ 韭菜洗净，切段；绿豆芽洗净，沥干。❷ 炒锅放油，放入花椒、葱丝、蒜片爆香，然后放入韭菜和绿豆芽翻炒。❸ 在豆芽断生后即可在锅边上淋入适量醋，最后加盐调味即可。

圆白菜虾仁汤

- **原料**：圆白菜 200 克，虾仁 4 个，洋葱 50 克，盐适量。

- **做法**：❶ 圆白菜洗净，切块；洋葱切丝。❷ 油锅烧热，放洋葱丝煸炒几下，加水。❸ 锅内水煮沸后放入圆白菜块，至熟时加入虾仁，再继续煮至虾仁熟软，最后加盐调味即可。

第 40~42 天

新妈妈此时应注重食物的质量，少食用高脂肪、高蛋白、不易消化的食物，以便瘦身。此时，可多食用豆腐、冬瓜等营养丰富而又少脂肪的食物，多吃水果。哺乳妈妈一方面要为瘦身做准备，一方面还要照顾到宝宝的营养，所以，此时不能刻意瘦身，可以在增加营养的同时，吃一些瘦身的食物。

羊排骨粉丝汤

- **原料:** 羊排骨 150 克,粉丝 20 克,葱丝、姜丝、醋、盐各适量。

- **做法:** ❶ 将羊排骨洗净，切块；粉丝用开水浸泡，备用。❷ 油锅烧热，放入羊排骨煸炒至干，加醋。❸ 加入姜丝、葱丝，倒入适量清水，大火煮沸后，撇去浮沫；改用小火焖煮至羊排骨熟烂，加入粉丝，加盐调味，煮沸即可。

豆腐酒酿汤

- **原料:** 豆腐 100 克,红糖、酒酿各适量。

- **做法:** ❶ 将豆腐切成块。❷ 锅中加入适量清水煮沸，把豆腐、红糖、酒酿放入锅内，煮 15~20 分钟即可。

白萝卜海带汤

- **原料:** 海带 50 克,白萝卜 100 克,盐适量。

- **做法:** ❶ 海带洗净切成丝；白萝卜洗净去皮切丝，备用。❷ 将海带、白萝卜丝一同放入锅中，加适量清水，大火煮沸后转小火慢煮至海带熟透。❸ 出锅时加入盐调味即可。

＊照护建议：产后 42 天时需做产后检查

　　不要忘记医生的叮嘱，在产后 42 天时新妈妈和宝宝要去医院做一次细致的产后检查。彻底的产后检查不但能及时发现新妈妈的健康隐患，还能避免其对宝宝健康造成不良影响，尤其对妊娠期间有并发症的新妈妈就更为重要了。

坐好月子
3 件事

1 压力不可过大

2 听听舒缓的音乐

3 放松身心

紫菜豆腐汤

- **原料：** 豆腐 150 克，紫菜 25 克，葱花、盐、香油各适量。

- **做法：** ❶ 将紫菜泡发，用清水洗去泥沙；豆腐切块，备用。❷ 将泡好的紫菜、豆腐块一同放入锅中，加适量清水，用大火煮沸，转小火继续煮至豆腐熟透。❸ 出锅时加盐调味，撒上葱花、香油即可。

南瓜紫菜鸡蛋汤

- **原料：** 南瓜 100 克，紫菜 10 克，虾皮 20 克，鸡蛋 1 个，盐适量。

- **做法：** ❶ 南瓜去皮、去瓤后洗净，切块；紫菜泡发后洗净；鸡蛋打入碗内搅匀。❷ 锅中加入适量清水，将南瓜块放入锅内，用大火煮沸，然后转小火煮约 30 分钟。❸ 将紫菜、搅好的蛋液倒入锅中，撒入虾皮，放入盐调味即可。

椰汁西米露

- **原料：** 西米 150 克，椰汁 250 克。

- **做法：** ❶ 西米用温水泡 15 分钟。❷ 锅内放入适量清水，煮沸后倒入泡好的西米，转小火慢煮。将西米煮到透明状。❸ 把煮好的西米过凉水后，再将椰汁和西米放入锅中，再次煮沸即可。

已经休养生息了一段时间，非哺乳妈妈身体逐渐恢复。在饮食上，非哺乳妈妈要选择少油、少糖、少脂肪的食物，减少肉类的摄入，以防止产后肥胖。同时，为了以后健康瘦身，新妈妈要根据自身情况进行补血，更要防止便秘。

红豆冬瓜粥

- **原料：** 大米 30 克，红豆 20 克，冬瓜、白糖各适量。

- **做法：** ❶ 红豆和大米洗净，泡发；冬瓜去皮，切片。❷ 在锅中加适量清水，用大火烧沸后，放入红豆和大米，煮至红豆熟透，加入冬瓜同煮。❸ 煮至冬瓜呈透明状，加白糖即可。

- **营养功效：** 红豆有清心养神、健脾益肾功效；冬瓜含有较多的膳食纤维，具有良好的润肠通便、降血压、降血脂、预防结石、健美减肥的作用。

贫血时忌减肥

如果分娩时失血过多，会造成贫血，使产后恢复缓慢，在没有解决贫血的基础上瘦身势必会加重贫血。所以，产后新妈妈若贫血一定不能减肥，要多吃含铁丰富的食物，如菠菜、红糖、鱼、肉类、动物肝脏等。

这款粥最宜夏季瘦身食用，既能防止脂肪堆积，又能降胃火、增食欲。

* 照护建议：出远门时要有人陪同

    满月后新妈妈的社交活动会多起来，尤其是非哺乳妈妈。但非哺乳妈妈出门时，最好有家人陪同。因为新妈妈身体刚刚恢复，不要走太远的路，也不要提拎重物，尽量不到人多、环境差的地方，以防感染或患病。

做好避孕工作

坐好月子
3 件事

要补气养血　注意节食

茄子炒牛肉

- **原料：** 熟牛肉100克，茄子150克，水淀粉、蒜末、盐各适量。

- **做法：** ❶ 将熟牛肉切成片；茄子洗净，切片。❷ 将茄子放入锅中煸炒，加入盐，将熟时放入牛肉片。❸ 炒一会儿后撒下蒜末调味炒熟，加水淀粉勾芡即可。

银耳桂圆汤

- **原料：** 银耳30克，桂圆肉15克，冰糖20克。

- **做法：** ❶ 银耳泡发，去蒂，切小朵；桂圆肉洗净。❷ 将银耳、桂圆放入砂锅中，加适量清水，以中火煲45分钟。❸ 放入冰糖，以小火煮至冰糖溶化即可。

芦荟黄瓜粥

- **原料：** 芦荟10克，黄瓜、大米各30克，白糖适量。

- **做法：** ❶ 将芦荟洗净，切成小块；黄瓜去皮，切成小块；大米洗净。❷ 将芦荟、大米、黄瓜一同放入锅中，加适量清水，用大火煮沸，转小火煮至大米熟烂，加白糖搅匀即可。

附录：月子期的食疗炖补方
产后乳房胀痛

很多新妈妈都会经历涨奶的痛苦：双乳胀满，出现硬结，感觉有些疼，甚至胀痛感会延至腋窝部位。这是因为乳腺由脂肪、乳腺腺泡和导管组成，怀孕时在雌激素的作用下，乳腺开始增生，胎盘泌乳素水平也不断升高，为产后泌乳做好准备。产后，大多数新妈妈就会有初乳分泌，而大量的乳汁分泌一般是在产后两三天，此时就会有明显的乳腺胀痛，乳腺表面温度升高，有时还会看见充盈的静脉。但一般至产后七八天乳汁通畅后，胀痛感就会得到一定缓解。

推荐食疗方

胡萝卜炒豌豆

● 将 50 克胡萝卜洗净，切成与豌豆大小相近的丁；将胡萝卜丁和 20 克豌豆分别放入开水中余烫一下后，捞出。锅中放油，烧至七成热，放入姜片煸香，然后放入焯过的胡萝卜丁、豌豆，爆炒至熟，最后调入盐，翻炒均匀即可。

丝瓜炖豆腐

● 将 1 块豆腐洗净，切块；1 根丝瓜，刮净外皮，洗净，切滚刀块。豆腐块用开水余一下，捞出，沥干水分。锅中放油，烧至六七成热，下入丝瓜块煸炒，加入高汤、盐、葱花，烧开后放入豆腐块，见豆腐浮起时，转用大火，淋上香油即可出锅食用。

通草炖鲫鱼

● 鲫鱼 1 条，通草 3 克，盐适量。将鲫鱼去鳞、鳃、内脏，洗净。锅置火上，加入适量清水，放入鲫鱼，用小火炖煮 15 分钟。再放入通草、盐，炖煮 10 分钟，即可食鱼饮汤。

虾皮粥

● 虾皮 15 克，大米 50 克，盐适量。将大米淘洗干净；虾皮用水浸泡洗净，备用。将大米入锅熬至大米开花时，加入虾皮、盐，稍微煮一会儿即可。

产后虚弱

产后虚弱的原因包括难产、分娩或产后出血过多、产后饮食不当、产后出汗过多或产后休息不足、过度劳累等，严重的产后虚弱称为产后虚劳。生产过后新妈妈如果出现精神不振、面色萎黄、不思饮食，就要考虑是否是产后虚弱了。

为了预防产后虚弱，新妈妈产后一定要注意休息，保证睡眠，放松心态，及时和家人沟通，寻求帮助。可以选择一些富含铁的食物或者是促进血液循环的营养品，如动物内脏、海带、紫菜、菠菜、芹菜、西红柿等；多吃含有优质蛋白质的食物，如鸡、鱼、瘦肉、动物肝脏等；牛奶、豆类饮品也是新妈妈必不可少的补养佳品。

推荐食疗方

银耳桂圆羹

• 将 50 克桂圆肉清洗干净，待用。将 30 克银耳用温水泡发，撕成小朵，待用。将 200 毫升清水烧开，放入桂圆肉、银耳，煮开后改为小火炖 30 分钟左右，即可食用。

香油胡萝卜粥

• 150 克胡萝卜去皮切成丁，100 克大米淘洗干净。锅中烧沸清水，加入大米、胡萝卜丁，煮沸后再改用小火熬煮至粥成，加香油、盐调味即可。

米酒蒸鸡蛋

• 将 2 个鸡蛋打入碗内，倒入 50 毫升米酒，加入适量糖桂花、白糖，拌匀。把鸡蛋碗放入锅里，隔水蒸 30 分钟即可食用。

枸杞子粥

• 枸杞子 20 克，大米 100 克。将枸杞子、大米加适量水，小火慢慢熬成粥，出锅即可食用。

产后腹痛

产后，新妈妈下腹部会出现阵发性疼痛，称为产后腹痛，也称为"宫缩痛"，这是正常现象，一般发生于产后一两天，三四天后自然消失。产后腹痛主要是因为子宫收缩，子宫正常下降到骨盆内所引起的。在哺乳时，因宝宝的吸吮会使新妈妈体内释放出激素，刺激子宫收缩而加重疼痛感。经产妇比初产妇更容易出现产后腹痛。另外，子宫过度膨胀，如羊水过多、多胞胎等也会加重产后腹痛。

产后 1 周后这种疼痛会自然消失。如果腹痛时间过长，就要考虑腹膜炎的可能，需及时去医院就诊。

有助缓解腹痛症状的食材有菠菜、南瓜、扁豆、苹果、木瓜、肉桂、红花、当归、料酒、鸡蛋等。

推荐食疗方

黄芪党参炖母鸡

● 取母鸡 1 只，收拾干净，将母鸡剁块，放入凉水锅中煮开，然后捞出冲净沥干，与黄芪、党参各 30 克，红枣 5 颗，一起放入锅中炖熟，食前加盐调味即可。

红糖姜饮

● 准备红糖 30 克，姜 10 克。姜洗净切丝，放入锅中，加适量水煮开，放入红糖，再次煮开即可饮用。

桃仁汤

● 取桃仁 9 克，红糖 20 克，煎水内服。

黄瓜藤汤

● 取干黄瓜藤 30 克，加红糖 50 克、米酒 50 毫升，加水适量，煎服。每日 1 次，连服 3 日。

产后头痛

产后头几天，由于分娩消耗过度，血流量不足，新妈妈容易产生大脑缺血而感到头晕目眩，并伴有食欲缺乏、恶心、发冷、头痛等症状。这种头痛一般在 1 周内就可随着气血的恢复而逐渐缓解。

此外，还有一部分头痛是由于新妈妈月子期间皮肤毛孔扩张，头部大量出汗后受风寒引起的。身体其他部位受寒也会间接引起头痛。所以，新妈妈不妨戴上宽松的帽子，或用头巾包住头，洗头后要吹干或用干毛巾包裹住头发。

推荐食疗方

薏米炖鸡

● 母鸡 1 只，收拾干净，与 20 克薏米一起放入锅中，加清水适量，大火烧开，撇去浮沫后改中火煮至熟，加入葱段、姜丝，放盐调味即可。

山楂茶

● 山楂 30 克，白糖 10 克。将山楂洗净切片，放入锅内，加水适量，大火煮沸后转小火继续煮 20 分钟，放入白糖调味即可。随时饮用。

木耳炒鱿鱼

● 将 50 克木耳浸泡，洗净，撕成小片；胡萝卜洗净、切丝。100 克鱿鱼洗净，在背上斜刀切花纹，用开水余一下，沥干水分，放适量盐腌制片刻。锅中放适量油，下胡萝卜丝、木耳、鱿鱼炒匀，熟后装盘即可。

银耳桂圆莲子汤

● 银耳 20 克，桂圆、莲子各 50 克，冰糖适量。将银耳用清水浸泡 2 小时，择去老蒂后撕成小朵。桂圆去壳去核，莲子去心洗净，备用。将泡发好的银耳、桂圆肉、莲子一同放入锅内，大火煮沸后，转小火继续煮，煮至银耳、莲子完全柔软，汤汁变浓稠，出锅时加入冰糖即可。

产后水肿

产后新妈妈在产褥期内出现下肢或全身水肿，称为产后水肿。中医认为，产后水肿的原因有两个：一是脾胃虚弱，二是肾气虚弱。这两种原因都会导致体内水分潴留过多，出现头晕心悸、脉象细弱无力等症状，在体重增加的同时，还会出现眼皮水肿、脚踝或小腿水肿。有助于缓解水肿的食材有牛肉、鸡肉、动物肝脏、西蓝花、油菜、芹菜、柠檬、苹果、香蕉、草莓、牛奶及奶制品、鸡蛋、大豆等，当出现产后水肿时，新妈妈可以尝试多吃上述食物，以帮助恢复。

推荐食疗方

红豆薏米姜汤

• 将 50 克红豆和 50 克薏米用冷水浸泡 3 小时以上，将 5 片姜片与红豆、薏米同煮。大火煮开后，转小火继续煮 40 分钟，待红豆薏米煮熟软后，加白糖调味即可。

红豆鲤鱼汤

• 取鲤鱼 1 条，收拾干净。将 100 克红豆与 20 克白术洗净，放入砂锅，加水与鲤鱼同煮。大火烧开，改小火慢煮至红豆、鲤鱼熟烂即可。

桂圆粥

• 取桂圆 30 克，洗净，大米 60 克淘洗干净。将桂圆、大米放入锅中，加 600 毫升水，煮至米烂开花、粥汁黏稠时关火，搅匀即可食用。

鸭肉粥

• 大米 50 克，鸭肉 100 克，葱段、姜丝、盐各适量。将鸭肉、葱段放入锅中，加适量清水，用中火煮 30 分钟，取出鸭肉，放凉，切丝。将大米洗净，放入锅中，加入煮鸭肉的高汤，用小火煮 30 分钟，再将鸭肉丝、姜丝放入锅内同煮 20 分钟，出锅前放盐调味。

产后恶露不净

恶露是产褥期阴道排出的分泌物，由胎盘剥离后的血液、黏液、坏死的蜕膜组织和细胞等物质组成，正常恶露没有臭味。正常情况下，产后 1~3 天出现血性恶露，含有大量血液、黏液及坏死的内膜组织，有血腥味；产后 4~10 天转为颜色较淡的浆性恶露；产后第 2 周排出的为白恶露，为白色或淡黄色，量更少。恶露在早晨的排出量较晚上多，一般持续 3 周左右停止。生产 6 周后，仍有恶露排出，可以称为恶露不净。产后可有意识地多吃蔬菜、水果等有助于排恶露的食物，如白菜、菜花、莴苣、西红柿、丝瓜、莲藕、冬瓜、萝卜、橘子、苹果、柚子、枇杷、葡萄、益母草、山楂、当归、党参、黄芪、鸡蛋等。

推荐食疗方

阿胶鸡蛋羹

• 鸡蛋 2 个，阿胶 10 克，盐适量。鸡蛋打入碗中；阿胶砸碎。把碎阿胶放入鸡蛋液中，加入盐和适量清水，搅拌均匀。将鸡蛋液上锅，用大火蒸熟，即可食用。

白糖藕汁

• 将莲藕榨取藕汁，取 100 毫升，将 20 克白糖兑入藕汁中，随时饮服。适用于血热所致的产后恶露不净。

人参炖乌鸡

• 人参 10 克，乌鸡 1 只，红枣 3 颗，盐适量。将人参浸软切片，装入鸡腹，与红枣同放入砂锅内，炖至鸡烂熟加盐，食肉饮汤。

山药羊肉羹

• 羊瘦肉 200 克，山药 150 克，牛奶、盐、姜片各适量。将羊瘦肉洗净，切片；山药去皮，洗净，切片。将羊瘦肉片、山药片、姜片放入锅内，加入适量清水，小火炖煮至肉烂，出锅前加入牛奶、盐，稍煮即可。

图书在版编目 (CIP) 数据

坐月子靠炖补 / 王敏主编 . -- 南京：江苏凤凰科学技术
出版社 , 2016.10
（汉竹·亲亲乐读系列）
ISBN 978-7-5537-6979-0

Ⅰ . ①坐… Ⅱ . ①王… Ⅲ . ①产妇-妇幼保健-食谱 Ⅳ .
① TS972.164

中国版本图书馆 CIP 数据核字 (2016) 第 186200 号

凤凰汉竹

中国健康生活图书实力品牌

坐月子靠炖补

主　　　编	王　敏
编　　　著	汉竹
责 任 编 辑	刘玉锋　张晓凤
特 邀 编 辑	翟　倩　刘　凯　张　欢
责 任 校 对	郝慧华
责 任 监 制	曹叶平　方　晨

出 版 发 行	凤凰出版传媒股份有限公司
	江苏凤凰科学技术出版社
出版社地址	南京市湖南路 1 号 A 楼，邮编：210009
出版社网址	http://www.pspress.cn
经　　　销	凤凰出版传媒股份有限公司
印　　　刷	北京艺堂印刷有限公司

开　　　本	715 mm×868 mm　1/12
印　　　张	16
字　　　数	150 000
版　　　次	2016 年 10 月第 1 版
印　　　次	2016 年 10 月第 1 次印刷

标 准 书 号	ISBN 978-7-5537-6979-0
定　　　价	39.80 元

图书如有印装质量问题，可向我社出版科调换。